2012年
水利科技成果公报

水利部国际合作与科技司 编

内 容 提 要

本公报公布的为2012年经水利部国际合作与科技司组织验收或鉴定的162项水利科技成果。这些成果涵盖了水文水资源、防灾减灾、水环境、水利工程建设与管理、农村水利、河湖整治、水土保持、高新技术应用等领域。其中许多成果已广泛推广应用于生产实践，取得了显著的经济、社会及环境效益，具有广阔的的推广应用前景。

图书在版编目（CIP）数据

2012年水利科技成果公报 / 水利部国际合作与科技司编. -- 北京 : 中国水利水电出版社, 2013.8
ISBN 978-7-5170-1316-7

Ⅰ. ①2… Ⅱ. ①水… Ⅲ. ①水利建设－科技成果－汇编－中国－2012 Ⅳ. ①TV-12

中国版本图书馆CIP数据核字(2013)第248220号

书　　名	**2012年水利科技成果公报**
作　　者	水利部国际合作与科技司 编
出版发行	中国水利水电出版社 （北京市海淀区玉渊潭南路1号D座 100038） 网址：www.waterpub.com.cn E-mail：sales@waterpub.com.cn 电话：（010）68367658（发行部）
经　　售	北京科水图书销售中心（零售） 电话：（010）88383994、63202643、68545874 全国各地新华书店和相关出版物销售网点
排　　版	北京中水润科技发展中心
印　　刷	北京博图彩色印刷有限公司
规　　格	210mm×285mm 16开本 12印张 364千字
版　　次	2013年8月第1版 2013年8月第1次印刷
印　　数	0001—1000册
定　　价	**89.00**元（附光盘1张）

凡购买我社图书，如有缺页、倒页、脱页的，本社发行部负责调换

前 言

《2012年水利科技成果公报》收录了2012年经水利部国际合作与科技司组织验收或鉴定的162项水利科技项目成果。这些成果涵盖了水文水资源、防灾减灾、水环境、水利工程建设与管理、农村水利、河湖整治、水土保持、高新技术应用等领域。在这些科技项目中，国家计划资助的项目有36项，省部级计划资助的项目有121项，计划外项目有5项；有20项成果通过成果鉴定，其中11项成果达到国际领先水平，8项成果达到国际先进水平，1项成果达到国内领先水平。多项成果已广泛推广应用于生产实际，取得了显著的经济、社会及环境效益，提高了水利科技的整体水平，促进了我们水利科技进步和水利现代化建设。

前　言

[illegible]

目　录

前言

一、水文水资源

1. 全国水能资源利用区划的总体战略及支撑技术 ………… 3
2. 水文基础数据通用平台 ………… 4
3. 流域雨洪资源安全利用关键技术推广应用 ………… 5
4. 流域水资源和洪水管理决策支持系统（MDSF）的推广 ………… 6
5. 防洪调度及水资源管理数据挖掘系统 ………… 7
6. 水文自动遥测系统 ………… 8
7. 非接触式高频河流实时监测系统技术引进 ………… 9
8. “水声纳”双频宽条带系统 ………… 10
9. 强潮河口淡水资源高效利用研究 ………… 11
10. 珠江压咸补淡关键技术与实践 ………… 12
11. 盐潮风浪流同步测控系统 ………… 13
12. 缺水型大城市水资源可持续利用管理研究 ………… 14
13. 土壤大孔隙流机理及产汇流模型研究 ………… 15
14. 坎儿井式地下水库的开发与转化应用 ………… 16

二、防灾减灾

15. 高土石坝地震灾变模拟与安全控制方法研究 ………… 19
16. 2D 流域汛情预警评估系统（IWRS）应用研究 ………… 20
17. 洪水风险分析系统推广 ………… 21
18. 山洪灾害监测预警实用系统 ………… 22
19. 农村安全保障暴雨山洪自动监测系统成果转化与示范 ………… 23
20. 水库汛限水位动态控制技术 ………… 24
21. 北方缺水地区大型水库汛限水位动态控制研究 ………… 25
22. 冯家山水库漫坝风险分析与安全评价 ………… 26
23. 蛤蟆通水库漫坝风险分析与安全评价 ………… 27
24. 长江三角洲地区城市化对洪涝孕灾环境的影响研究 ………… 28
25. 南水北调中线工程输水能力与冰害防治技术研究 ………… 29
26. 三峡工程运用后泥沙与防洪关键技术 ………… 30
27. 黄河中下游中常洪水水沙风险调控关键技术研究 ………… 31
28. 城市突发强暴雨洪水形成机理及预报技术研究 ………… 32
29. 移动式液压潜水泵装置技术设备推广 ………… 33
30. 高速智能堤坝抢险打桩平台关键技术的研究 ………… 34
31. 抢护汛期堤防失稳险情的新材料开发和应用 ………… 35
32. IBIS-L 地形微变远程监测仪——病险堤坝变形远程监控系统 ………… 36
33. ENVIS 数字化区域旱情监测系统引进与应用 ………… 37
34. 基于遥感的喀斯特地区旱情业务化监测技术转化应用 ………… 38

三、水环境

35. 突发性水污染事件应急响应系统推广 ………… 41
36. 南方地区小城镇水污染控制模式研究 ………… 42
37. 华北地区的生态水文变化及水资源管理对策 ………… 43

38. 赤水河流域生态补偿技术研究 44
39. 岷江流域水电开发的生态影响及修复研究 45
40. 石羊河流域基于生态的水资源调控模式研究 46
41. 村镇生活污水微动力生物生态治理示范研究 47
42. 水源涵养型城市生态下垫面构建技术集成与示范 48
43. 污染河道、湖库底泥重金属稳定化技术研究 49
44. 城市水源地生态治理技术 50
45. 流式细胞摄像系统在水生态监测中的应用技术研究 51
46. 法国河流水质硅藻生物监测与评价技术及 Omnidia 模型 52
47. 藻类在线水体生态毒性监测系统 53
48. 藻类监测分析系统及超声波除藻设备 54
49. 改善水环境的微纳米气泡发生装置 55
50. 富营养化水体水上种植技术规范化中试 56
51. 寒冷地区江河生态护岸技术推广 57
52. 河道生态建设植物措施应用技术推广 58
四、水利工程建设与管理
53. 水利水电工程三维设计方法引进、研究与推广 61
54. 黄河小浪底工程关键技术研究与实践 62
55. 大坝混凝土抗震动态抗力和损伤破坏机理研究 63
56. 水工混凝土静动态损伤断裂过程及其声发射特性研究与实践 64
57. 高面板坝地震安全评价方法与抗震加固措施研究 65
58. 西部高寒地区筑坝材料耐久性关键技术研究 66
59. 大坝混凝土早期热、力学特征及开裂机理研究 67
60. 高性能环氧灌浆材料及配套技术研究与应用 68
61. 湿磨细水泥浆材的制备及灌浆新技术推广 69
62. 混凝土新型添加剂推广 70
63. 水工混凝土防碳化处理技术应用研究 71
64. 塑性混凝土技术 72
65. Elastocoast 碎石聚氨酯护坡技术在寒区工程中的应用研究 73
66. 声发射系统引进及应用研究 74
67. 水利工程智能超站仪与 3G 网络数据处理系统推广与应用 75
68. 大型输水工程参数辨识及安全调控关键技术 76
69. 寒冷地区露顶闸门融冰技术与融冰加热设备 77
70. 深厚软土地基成套技术 78
71. 土石坝新型防渗技术 79
72. 利用表层处理技术提高混凝土耐久性 80
73. 移动造浆设备充填长管袋技术 81
74. 高效抗磨泥浆泵 82
75. 新拌混凝土水灰比测定仪引进、研究与开发 83
76. 水工钢结构三维实体造型系统 84
77. “钢丝网水泥薄壳渡槽可靠度分析及加固技术优选”推广应用研究 85
78. 振动射冲成槽地下连续墙施工技术 86
79. 水利工程防渗膨润土防水毯 87
80. 真空激光准直测坝变形系统 88

81. 土石坝沥青混凝土防渗心墙低温施工技术 89
82. 灌区水库大坝安全微位移自动监测系统成果转化与示范 90
83. 小流域坝系监测评价技术研究 91
84. 双星卫星定位大坝安全自动监测系统应用 92
85. 3D-Tracker 实时三维变形监测技术 93
86. 中小型水库信息采集传输关键技术 94
87. 混凝土冰害劣化测试系统 95
88. CorroWatch 钢筋混凝土结构腐蚀监测系统 96

五、农村水利

89. “四水”转化水文模型在淮北平原应用推广 99
90. 现代农业节水抗旱关键技术推广 100
91. 农业抗旱节水用多功能拌种剂 101
92. 抗旱用管道式灌溉系统关键设备成果转化 102
93. 振动深松旋耕灭茬蓄水保墒机 103
94. 仿生灌溉系统产品中试与示范 104
95. 新型农用超声波计量管理系统 105
96. 农业精准灌溉用水管理系统成果转化 106
97. 灌区流量控制与精确计量技术 107
98. 灌区水管理信息化技术集成 108
99. 枢纽、灌区泵站 CIMS 的应用推广 109
100. 精细地面灌溉监控技术与设备示范应用 110
101. 淮北平原大沟控制对农田水资源影响综合调控技术中试转化 111
102. 节能型设施农业微灌模式及关键设备转化与推广 112
103. 土壤氮循环及环境监测系统在农田灌溉试验中的研究与应用 113
104. 土壤调节剂及雨水高效利用技术在黄土丘陵区应用转化 114
105. WRSIS 系统在南方水旱轮作区的应用与示范研究 115
106. 微压灌水器和过滤装置的中试与转化 116
107. 单户雨水安全集蓄与利用模式推广应用 117
108. 黑河流域膜垄沟灌节水技术创新与推广转化 118
109. 草原生态保护节水灌溉综合技术推广应用 119
110. 乳业饲草料节水高效生产综合技术集成与示范 120
111. 灌区渠系建筑物安全鉴定及加固改造成果转化 121
112. 硅塑材料拼装水渠的开发与应用 122
113. 农村灌区节水小型水闸除险加固技术转化 123
114. 核磁共振等探测找水技术推广应用 124
115. 丘陵区农村饮水安全技术集成 125
116. 苦咸水淡化处理技术（河北） 126
117. 苦咸水淡化处理技术（山东） 127
118. 国产化 MIEX 水处理设备在城乡地区的推广应用 128
119. 生物慢滤技术推广 129
120. JYZ 全自动一体化膜生物处理装置转化推广 130
121. 新型高效除氟吸附材料和除氟装置研究与成果转化 131
122. 智能型饮用水除氟装置的推广应用 132

六、河湖整治

123. 全球江河水沙变化与河流演变响应 135
124. 大型水利枢纽工程下游河型变化机理研究 136
125. 黄河宁蒙河段主槽淤积萎缩原因及治理措施和效果研究 137
126. 小浪底水库运用方式对高滩深槽塑造及支流库容利用研究 138
127. 河口建闸引起的水沙环境变化和综合治理研究 139
128. 河道内并联水路多级强化水质净化生态技术 140
129. SSYA600 型气动式深水清淤机 141
130. 脉冲射流水下高效清淤冲沙关键技术研究 142

七、水土保持

131. 中国水土流失防治重大问题研究 145
132. 基于河流健康保护的土地利用模式研究 146
133. 黄土高原土壤侵蚀预测预报技术推广 147
134. 黄土丘陵缓坡风沙区生态修复技术 148
135. 黄土高原农牧交错带生态恢复机理和关键技术研究 149
136. 岩溶区水土保持动态监测与管理技术在水土流失普查中的推广应用 150
137. 红壤侵蚀区坡面水土综合整治技术集成与示范 151
138. 水土保持措施调控鄱阳湖径流泥沙技术研究 152
139. 建设项目扰动土侵蚀模数测试及侵蚀规律研究 153
140. 风水复合侵蚀监测系统的引进及应用 154
141. 重庆市土壤侵蚀预测预报模型应用研究 155
142. 三峡库区小江生态恢复技术研究与示范 156
143. 云南省小流域综合治理新型模式研究 157
144. 水土保持优良植物栽培种植技术 158
145. 水土保持植物优化组合及生态农业技术 159
146. 半干旱荒漠化地区“俄×中”沙棘优良类型中试转化与推广 160
147. 生物砖排水沟技术在坡耕地及小型水利工程中的推广应用 161

八、高新技术应用

148. 我国水利现代化关键技术及相关指标体系研究 165
149. 南水北调工程大型高效泵装置优化水力设计理论与应用研究 166
150. 水电站水轮机叶轮抗空蚀新技术推广 167
151. 水务一体化管理信息系统 168
152. 水泵抗磨蚀综合防治技术 169
153. 新型复合材料拍门技术 170
154. 农村地区可再生能源多能互补技术示范应用 171
155. 可控硅数字励磁调节技术在农村水电建设中的转化应用 172

九、其他

156. 三峡工程运用对下游洲滩血吸虫扩散影响研究 175
157. 漓江生物栖息地演变与鱼类监测技术研究 176
158. 水利财务业务精细化管理系统 177
159. 植物灭螺剂螺威在长江血吸虫疫区技术转化与示范应用 178
160. 全雄黄颡鱼的规模化制种技术中试与示范 179
161. 流水性鱼类循环水养殖系统研制与应用 180
162. 取水工程灭螺技术在血吸虫病防治中的转化应用 181

一、水文水资源

成果名称：全国水能资源利用区划的总体战略及支撑技术

任务来源：水利部公益性行业科研专项经费项目

计划编号：200801054

该项目在调查分析的基础上，从自然、生态、技术、经济和社会的角度，分析了我国不同类型地区的水能资源禀赋、开发情况、生态环境接纳程度和社会发展需求，研究了我国水能资源区划工作的总体战略，拟定了水能资源区划的组织体系、机构设置、分级方案、管理办法和工作计划，通过设置水能资源“优化、重点、限制、禁止”范围，确定了示范河流区段水能资源和水电站开发的优先等级。

该项目成果的关键技术或创新点：

（1）分析我国水能资源开发的特点、优势、劣势及存在的问题，提出我国水能资源区划原则和指导思想。构建了全国水能区划的总体框架，设计了全国水能区划管理体系。

（2）基于服务社会，生态补偿，人河互补，共致和谐的水能资源开发与管理的“健康和谐水能”理念，从河流开发服务功能、健康河流生态环境补偿功能，以及和谐社会经济发展功能三种属性出发，构建了一套包含24项评价指标的水能资源区划评价指标体系。

（3）编制了全国水能资源区划GIS演示系统和WEB系统建设方案。

该项目以湖南省桃江县资水支流夫夷水为例，分别进行了县级地区与县级流域的水能资源区划开发利用率计算分析，采用层次分析法，编制了水能资源区划健康和谐开发评价的计算软件，对水能资源利用进行了评价示范。应用该成果还对云南红河支流、内蒙古黄河干流、浙江省的西苕溪、衢江、甬江等流域进行了案例评价分析，具有很好的推广前景。

该项目的研究成果在水能资源的规划、评价、决策、管理中为行业主管部门提供了有效的技术支撑，为水能资源区划工作打下了基础，对依法管理水能资源、实现水能资源可持续利用具有重要现实意义。

主要完成单位：水利部农村电气化研究所、清华大学、中国水力发电工程学会

主要完成人员：程夏蕾、陈星、罗先武、张仁贡、张超、赵克华、季斌、韩桂芳、曹丽军、董志勇、刘德民、顾国民、许洪元、苏楠、张钰娴

单位地址：江苏省南京市广州路223号　　邮政编码：210029

联系人：沙海飞　　联系电话：13915975513

传　真：025-83722439　　电子信箱：hfsha@nhri.cn

成果名称：水文基础数据通用平台

任务来源：计划外项目

计划编号：

水文基础数据通用平台作为水文专业的数据源应用平台，在全国水文系统测验数据采集和上传方面起到统一水文数据格式和标准数据流程的作用，并可对已建测报系统采集的数据进行整合，对水文资料整编用密集数据做了完整的解决方案。在数据平台处理多项水文主测数据、设备各项工作参数和多平台集群处理等方面做了大量测试和数据采集业务工作。水文基础数据通用平台为全国水文系统水文测验仪器设备的数据采集上传和处理建立了数据服务的概念，对提高水文测验应用技术水平和我国水文测验方式与国际接轨创造了有利的条件。

该项目研究成果的主要创新点：

（1）提出和建立了基于云概念的水文数据汇聚及业务管理模式。

（2）提出了水文数据采集传输的统一技术标准，并建立了数据平台。

（3）实现了实时、密集水文数据和图像统一传输与管理。

该项目研究成果为国家水文数据库建设提供了关键技术支撑，并已在天津市、河北省进行了实际应用。稳定可靠，时效性强，具有显著的经济和社会效益，推广应用前景广阔。

该项目研究成果已通过水利部国际合作与科技司组织的科技成果鉴定，成果达国际先进水平。

主要完成单位：水利部水文局、黄河水利委员会水文局、河北省水文水资源勘测局、天津市水文水资源勘测管理中心、河海大学、北京惠邦天地技术有限公司、江河众通（北京）科技有限公司、河南黄河水文勘测设计院

主要完成人员：朱晓原、王志毅、刘彦华、王占峰、贾春洲、周金陵、张敦银、蔡旭、赵造申、蓝标、张天宇

单位地址：北京市西城区白广路二条2号　　邮政编码：100053

联系人：王志毅　　联系电话：13901378864

传真：010-63203500　　电子信箱：zywang@mwr.gov.cn

成果名称：流域雨洪资源安全利用关键技术推广应用

任务来源：水利部科技推广计划项目

计划编号：TG1007

该项目选定滦河流域、太湖流域和北江流域，开展了流域雨洪资源安全利用的技术体系和调控模式的推广应用。针对各流域特点，提出了基于控制性水利工程群的洪水资源联合调控模型和合理调度方案，有效增加了水库群供水和发电综合效益，提高了区域供水保证率，改善了河道生态环境条件。项目形成了面向生态调度、补水增能以及平原河网区的洪水资源利用示范基地，提高了流域水资源利用的合理性和水资源综合管理水平。

以滦河流域的潘家口、大黑汀和桃林口等水库为对象，从洪水资源安全利用的角度出发，采用模拟仿真与优化计算相结合的技术途径，建立了防洪与兴利统一、水质与水量结合、面向生态需求的水库群多目标联合优化调度模型，得出满足不同用水部门的水库分区运用调度图，改善了下游河道生态和水环境条件，提高了供水保证率。

针对太湖流域，提出了太湖流域洪水资源利用的识别体系、评价体系以及计算流程，定量评价了太湖流域洪水资源利用现状和利用潜力；在综合分析论证典型降雨和设计暴雨条件下流域洪水资源利用量和调控效果的基础上，提出了太湖流域洪水资源利用调度方案。成果为太湖流域防洪和水资源管理部门提供了科技支撑，在2011年由国家防总批复的“太湖流域洪水及水量调度方案”中得到了应用。

对于北江流域，在综合考虑防洪、发电、供水、航运和压咸补淡等目标的基础上，构建了面向雨洪资源利用的北江流域水库群（包括飞来峡、南水、锦江水库等）多目标联合调控模型及其联合调度方案，有效改善了枯水季节水资源利用条件，提高了水资源综合管理水平。

该项目提出的流域洪水资源利用方案，提高了滦河流域、太湖流域和北江流域等洪水资源的利用效率，有效地改善了地区水资源利用条件，强化了水资源综合管理调度能力，并在流域水环境及水生态保障中发挥了积极作用，经济和环境效益十分显著，对于我国流域水资源科学利用与调度具有重要的指导意义，应用前景广阔。

主要完成单位：南京水利科学研究院

主要完成人员：王银堂、胡庆芳、王宗志、刘勇、刘克琳、崔婷婷

单 位 地 址：江苏省南京市广州路223号　　邮政编码：210029

联　系　人：王银堂　　联系电话：025-85828507

传　　　真：025-85828555　　电子信箱：ytwang@nhri.cn

成果名称：流域水资源和洪水管理决策支持系统(MDSF)的推广

任务来源：水利部科技推广计划项目

计划编号：TG1006

该项目是将流域水资源和洪水管理决策支持系统（MDSF）成果推广应用到大型水利枢纽工程和流域层面，在淮河流域和漳卫南河流域得到应用。

（1）建立了“淮河中游复杂防洪工程体系下的洪水预报调度系统”。在已有洪水调度模型研究的基础上，通过利用开放模型接口技术改进完善计算方法和复杂边界模拟技术，提高了研究区域水位和洪峰到达时刻的计算精度，使淮河中游实时洪水预报和调度模拟的精度和速度都达到了可应用程度。

（2）建立了“漳卫南河流域洪水资源利用管理系统”。对多种设计洪水组合及历史典型洪水进行洪水资源利用调度和常规调度模拟计算比较，提出了适度增加防洪风险的水利工程安全利用中小洪水的运行方式。利用 InfoWorks 软件建立洪水资源利用管理系统。使过去废弃的洪水作为资源加以利用，缓解了该地区水资源紧缺，并改善了生态环境。

MDSF 中嵌入了 GIS 为开发分布式流域洪水预报、提高洪水预报精度尤其是提高中小流域的洪水预报精度提供了有效途径。加之 MDSF 具有实时预报及远程操控、远程显示的功能，推广应用于中、小水库的洪水预报与洪水调度管理也有很好的前景。

该项目对于防洪调度决策、洪水水资源安全利用、缓解水资源供需矛盾提供了有效技术支撑，社会、经济、环境效益显著，推广应用前景广阔。

主要完成单位：南京水利科学研究院
主要完成人员：陈鸣、范子武、陆卫鲜、张铭、马振坤、王高旭
单位地址：江苏省南京市广州路223号　　邮政编码：210029
联系人：陈鸣　　联系电话：13357819193
传真：025-85828555　　电子信箱：mchen@nhri.cn

成果名称：防洪调度及水资源管理数据挖掘系统
任务来源：水利部“948”计划项目
计划编号：201016

该项目在引进美国SAS 数据挖掘套件的基础上，完成了防洪调度及水资源管理数据挖掘系统的研究和开发工作，为防洪调度及水资源管理提供决策支持服务， 取得了以下研究成果：

（1）在关键技术创新性研究方面，研究提出了一种基于语义相似的水文时间序列相似性分析方法，开发了水文时间相似性查询软件，并成功应用于相似洪水的数据挖掘；提出了一种多因子小波预测模型，提高了小波网络模型对复杂水文时间序列的预测能力；研究提出了一种水文时间序列模体挖掘方法，为水文中长期预报提供了一种有效途径；为了提高对复杂洪水过程的预测能力，在支持向量机模型的基础上，提出了一种混合预测的方法。

（2）研究了水文过程峰值预测、水文时空序列模式挖掘以及相似水文过程分析的新技术、新方法，并基于SAS软件开发应用组件；建立了南京市防洪调度及水资源管理数据系统，将开发的应用组件成功应用到南京市防汛指挥系统中，在2010年的防汛中发挥了重要作用；将防洪调度及水资源管理数据挖掘系统成功应用于南京市防办的数据分析系统。

（3）对“引江济太”实施过程中获取的海量水量水质监测数据进行挖掘，进一步分析了“引江济太”工程对太湖及流域水网地区在水资源和水环境方面的作用，为系统分析引江济太的成效提供具有说服力的客观证据，也为今后引江济太工作的难点、热点问题分析提供技术支撑。

（4）根据江苏省水文局业务需求，确定了水文数据挖掘的主题，主要挖掘降雨及产汇流过程的相似性，并利用多元水文序列相似性分析方法探索江苏省水资源分布规律。

该项目研究成果成功地应用于太湖流域管理局、江苏省水文水资源勘测局、南京市水利局等有关单位，取得了良好的社会经济效益，具有广阔的推广应用前景。

主要完成单位：水利部水利信息中心、河海大学、太湖流域管理局
主要完成人员：余达征、朱跃龙、吴浩云、万定生、李士进、董秀颖、李薇、梅青、胡艳、王玉华、刘超、唐运忆、司存友、彭海鹰、严峰
单位地址：北京市西城区白广路二条2号　　邮政编码：100053
联系人：余达征　　联系电话：13901243071
传真：010-63204559　　电子信箱：ydz@mwr.gov.cn

成果名称：水文自动遥测系统

任务来源：水利部科技推广计划项目

计划编号：TG1032

该项目认真总结了南京水利水文自动化研究所多年来在水文自动测报系统研制、加工、安装、改造和升级方面的技术和研究成果，研发形成精简的一体化遥测站结构和实施方法，在江西抚州市抚河流域进一步扩大应用，建成了1:40的抚河流域水文自动遥测系统，即一个流域中心站、40个水雨情遥测站，覆盖15800km^{2}的流域面积，在2010年江西省抚河唱凯堤防洪水事件中减少洪灾损失亿元以上，在流域防洪减灾中发挥了重要作用，同时也使水文遥测系统的设计、安装、运行管理技术得到进一步提升。

该项目成果在国内已得到了广泛的推广应用，共推广水文遥测系统9个，水文遥测站790个，对于我国健全防灾减灾体系，增强抵御自然灾害能力，具有显著的经济效益和社会效益。推广应用的技术成果和产品可广泛应用于我国河流水库湖泊水文自动监测、水库水情遥测、无人区水资源调查，以及重大自然灾害监测预警系统中。

主要完成单位：南京水利水文自动化研究所

主要完成人员：王吉星、陈智、李幸福、李承、嵇海祥、杨溯、王丰华、耿彬彬、刘伟、姚欣真、肖城、张勇、付京城、王建建、杨俊杰

单位地址：江苏省南京市雨花台区铁心桥大街95号　　邮政编码：210012

联系人：陈敏　　联系电话：025-52898316

传真：025-52898315　　电子信箱：chenmin@nsy.com.cn

成果名称：非接触式高频河流实时监测系统技术引进
任务来源：水利部“948”计划项目
计划编号：201013

我国江河湖泊的流速和流量大都采用测船、缆道测流设备和船用测流设备等接触式方法测量，在江河截流、汛期（大洪水）、堤防决口和自然灾害来临时，水流湍急，用测船等接触式方法测量就无法实现。

该项目引进了美国CODAR海洋传感器公司的RiverSonde100型高频河流实时监测系统，可进行非接触式流量测量。在引进技术和设备的基础上，掌握了系统主要技术指标和功能、远程访问、提取数据、系统安装监测、参数修改和测量计算方法，并在长江上新河段进行实地测量和应用；与ADCP（声学多普勒流速剖面仪）等仪器测量结果进行对比分析，测量速度快，精度较高，全面完成了任务。

通过对引进设备的试用、消化吸收，检测江苏省高邮不同河道的流速和流量，探索研究不同工程效用。RiverSonde高频河流实时监测系统的引进、试用和消化吸收影响面大、辐射面宽、应用前景广阔，可使我国河流实时监测技术及设备步入世界先进行列。引进了国际上先进的高频河流实时监测系统，用非接触式方法精确快速地测量大江大河的流速和流量，对于水利规划、除险加固、大江大河的治理和抗洪救灾至关重要。

该项目在引进技术和设备的基础上，自主研发了无线测控智能水位仪及相关系统，获得了国家专利。该项目的实施，丰富了我国河流实时监测技术，具有较高的推广应用价值。

主要完成单位：南京水利科学研究院
主要完成人员：左其华、蔡守允、贾宁一、陈诚、陈力平、詹小磊、朱滨峰、何良、张晓红、戴杰、腾玲
单位地址：江苏省南京市广州路223号　　**邮政编码**：210029
联系人：贾宁一　　**联系电话**：025-85828123
传真：025-83722439　　**电子信箱**：nyjia@nhri.com

成果名称：“水声纳”双频宽条带系统
任务来源：水利部“948”计划项目
计划编号：200922

该项目从芬兰水技术有限公司引进“水声纳”双频宽条带系统，该系统具有精度高、效率高、系统覆盖面广、后处理速度快和三维成像等特点。系统引进后，在消化吸收的基础上，对系统所测量数据进行精加工，与武汉大学合作建立了三维动态模型，开发了图像处理及三维地形表现软件，直观地展现河道、湖泊水下测量地形，以适应新时期各项决策和工程的需要，与引进系统配合使用效果良好。

该项目分别在长江（荆州段）、清江（长阳段）、汉江（汉川险段）及黄冈市太白湖进行了水下勘测示范应用，为湖北的江、河、湖、库等水下测量，大江大河的险工险段勘测，抛石护岸监测，河道疏浚工程测量提供新的有效技术手段，对湖北省境内的水系水下测量工作的时效性起到重要的作用，为湖北水利防洪决策提供可靠技术支持。该成果推广应用前景良好，社会、经济效益显著。

主要完成单位：湖北省水利水电科学研究院
主要完成人员：许明祥、王小平、钱建龙、汤文华、李冬平、代春兰、谢伟
单位地址：湖北省武汉市珞狮路286号　　邮政编码：430070
联系人：汤文华　　联系电话：027-87294028
传真：027-87395489　　电子信箱：twh6625@163.com

成果名称：强潮河口淡水资源高效利用研究
任务来源：水利部公益性行业科研专项经费项目
计划编号：200801072

该项目的主要工作内容：

（1）钱塘江河口咸淡水掺混机理和咸水入侵规律研究。通过该项目研究，建立了钱塘江河口大范围二维、三维咸水入侵模型，并与实测资料和一维咸水入侵模型相结合，分析咸水入侵的影响因素及各影响因素下咸水入侵的距离、强度和纵向、平面与垂向浓度的差异。探讨了钱塘江河口咸淡水的掺混特性，得出纵向上是典型的“玲型”曲线，总体上属于强混合型河口，但在特定时间、特定河段会出现显著的垂向分层现象的结论。

（2）钱塘江河口水环境变化特征研究。通过该项目研究，建立了钱塘江河口富春江电站—澉浦的大范围二维潮汐水流水质模型。模型对钱塘江河口水质的影响因素进行了模拟分析，并着重分析了取水口河段的水质现状及其影响因素；根据钱塘江河口污染源布局及对取水河段的水质影响，对采取污染源控制措施后的改善效果进行了预测。

（3）钱塘江河口环境与生态需水的深化研究。采用建立的数学模型，根据钱塘江河口潮位的变化特性，对应一个潮汛的大、中、小潮变化，提出以5天为单元的环境流量和御咸流量。

（4）强潮河口淡水资源高效利用模式研究。根据钱塘江河口咸水入侵、污染物的时空演变规律以及河口的环境与生态需水过程，以河口区用水的水质安全为目标，研究强潮河口淡水资源高效利用的涵义与评价标准。该项目通过分析，提出钱塘江河口水资源高效利用模式：以含氯度和水质的模拟预测为核心，以取排水口的合理布局与工程调度为手段，是一个“以供定需”和“以需求供”的循环过程。

该项目成果的关键技术及创新点：

（1）强潮河口咸水入侵混合特性的多维数值模拟。项目采用二、三维咸水入侵数值模型，结合现场观测资料，系统研究了钱塘江河口纵向、断面和垂向的掺混特点，并分析了不同河段、不同水文条件下的掺混特性。

（2）强潮河口御咸与环境流量的应潮调度模式。该项目根据钱塘江河口每个潮汛大、中、小潮的变换特点及上游河段水质、咸水入侵对径流大小的敏感性，提出“大潮多放、小潮少放”的应潮调度机制，并对其实施效果进行了模拟分析。

（3）集成工程布局—用水、排水管理—水质预测—工程调度的河口淡水资源高效利用模式。提出了在水资源合理配置的基础上，利用咸水入侵与水质预报模型，采取可变化的工程调度手段和措施，使主要取水口含氯度、污染物浓度变化满足用水要求，并减少淡水资源的损失。

该项目成果已在浙江省钱塘江管理局、杭州市水业集团有限公司等相关单位的水资源管理、调度中得到应用。

参照该项目提出的工程措施及应潮调度等管理办法，可以使水质保证率提高到95%以上，每年8～11月大潮期节约环境流量和御咸流量1.7亿～3.5亿m^3，社会效益和经济效益显著。

主要完成单位：浙江省水利水电研究院
主要完成人员：尤爱菊、徐海波、李若华、胡可可、史英标、潘存鸿、朱军政、谢东风、温进化、何若英、丁涛
单位地址：浙江省杭州市凤起东路50号　　邮政编码：310020
联系人：尤爱菊　　联系电话：0571-86439717
传真：0571-86438063　　电子信箱：youaj@zjwater.gov.cn

成果名称：珠江压咸补淡关键技术与实践
任务来源：水利部其他计划项目
计划编号：

该项目针对珠江河口咸潮严重影响到澳门、珠海等珠江三角洲地区城市供水安全的问题，自2005年以来连续开展了珠江压咸补淡关键技术研究与实践。主要内容包括：珠江口复杂河网区咸潮运动机理、多因子的枯季水情与咸潮预报技术、长距离大跨度复杂水库群的枯水调度技术等。

该项目成果的主要创新点：

（1）建立了复杂河网区咸潮与径流、潮汐、风的响应关系，首次系统地揭示了珠江河口咸潮运动规律，确定了压咸时机与压咸流量。

（2）集成了各种枯水期水情和咸潮预报预测方法，构建了枯季人造洪水演进模型，建立了珠江流域长中短期枯季径流预报集成体系。

（3）基于河口区咸潮与径流相互作用，创立了复杂水库群多目标的枯水期压咸补淡精细调度方法，提出了“打头压尾”、“避涨压落”、“动态控制”等精细调度技术，形成了前蓄后补、节点控制和上下联动、总量控制的流域水资源调度与管理模式。

该项目成果连续7次成功应用于珠江流域枯季压咸补淡调度实践，保障了澳门、珠海等珠江三角洲地区供水安全，改善了珠江三角洲河道系统生态环境，实现了水利、电力、航运等多方共赢，取得了显著的社会、经济和生态效益，具有重要的推广应用价值。

该项目成果已通过水利部国际合作与科技司组织的科技成果鉴定，成果达国际领先水平。

主要完成单位：水利部珠江水利委员会、珠江流域水资源保护局（水利部珠江水利委员会水文局）、中水珠江规划勘测设计有限公司、珠江水利综合技术中心、珠江水利委员会珠江水利科学研究院
主要完成人员：岳中明、谢志强、赵晓琳、胥加仕、何治波、钱燕、吕忠华、谢淑琴、刘斌、易灵、刘建业、田玉丽、潘维文、王琳、陈伟豪等
单位地址：广东省广州市天寿路80号　　邮政编码：510611
联系人：王萍　　联系电话：020-87117960
传　　真：020-87117787　　电子信箱：wangpingwater@163.com

成果名称：盐潮风浪流同步测控系统
任务来源：水利部其他计划项目
计划编号：

盐潮风浪流同步测控系统是一套多参数同步测控系统，将多向不规则造波控制、潮汐模拟、盐度场监测、风模拟等多个单元有机融合，为开展咸潮运动机理、河口治理和近海工程等科学研究及应用提供了重要的技术手段。

该项目成果的主要创新点：

（1）首次实现了盐、潮汐、风、浪、径流多因子耦合控制和技术集成，为咸潮上溯机理的研究提供了可靠有效的手段。

（2）盐水自动控制技术首次应用于咸潮物理模型试验，实现咸潮试验用水的循环利用。

（3）通信网络应用工业以太网，采用多线程和动态链接等多种软件控制技术，实现了多个试验项目共网，提高了模型试验效率和精度。

该项目成果技术先进、实用性强，已成功应用于珠江河口的咸潮试验研究等多个科研和工程项目，具有推广应用价值。

该项目研究成果已通过水利部国际合作与科技司组织的科技成果鉴定，成果总体达到国际先进水平，在盐度配制、自动控制与循环利用方面达到国际领先水平。

主要完成单位：珠江水利委员会珠江水利科学研究院
主要完成人员：王现方、林俊、王磊、罗朝林、李晓亮、罗丹、何启莲、陈荣力、黄立、苏波、丘谨炜、吴创福、吴华良、陈若舟、邓夕虹
单位地址：广东省广州市天河区天寿路80号　邮政编码：510611
联系人：罗丹　联系电话：13660153880
传真：020-87117467　电子信箱：zksgl@163.net

成果名称：缺水型大城市水资源可持续利用管理研究
任务来源：科技部相关计划项目
计划编号：2007DFA70610

该项目构建了一套缺水型大城市水资源可持续利用技术体系；研究了复杂供水系统通用性数控技术等12项关键技术；建立了WEBGIS北京市水资源综合管理决策支持系统；提出了北京市水资源可持续利用管理策略。该项目研究对认识快速发展的大城市复杂水资源系统，提高其水资源调配和利用水平，推动水资源管理理论和技术进步，具有重要的意义。

该项目成果的主要创新点：

（1）建立了缺水型大城市水资源可持续利用技术体系，包括水资源动态评价、需水滚动预测、资源多层次配置、供水自适应调度等关键技术。

（2）提出了针对缺水型大城市的取水水量与耗水总量双控制、用水定额与用水效益双管理的水资源综合管理调配技术。

（3）提出了大城市复杂供用水系统的多层次结构及其数控技术，建立了基于网络优化的缺水型大城市水资源自适应调度方法及智能模型。

（4）提出了水文地质单元与土地利用单元交割的地下水动态评价方法；基于FEFLOW模型奇异值分解与克雷洛夫矩阵的地下水线性化方法，建立了以地下水水位为调控目标的地表水地下水联合优化模型。

（5）研制了大城市供用水元素通用数字模拟器及水资源调配决策支持系统；建立了集规划、计划与调度一体化的北京市水资源综合管理决策支持系统。

该项目成果已被《北京市南水北调配套工程总体规划》、《北京市水资源安全保障重大项目规划储备》等重大规划采纳，研发的决策支持系统已投入运行，推动了北京市水务现代化建设，取得了显著的社会效益和经济效益，具有广阔的应用推广前景。

该项目研究成果已通过水利部国际合作与科技司组织的科技成果鉴定，成果整体达到国际领先水平。

主要完成单位：北京市水利规划设计研究院、清华大学、中国水利水电科学研究院
主要完成人员：张彤、贺国平、王忠静、蒋云钟、王萍、潘安君、万超、杨芬、邵惠芳、甘治国、孙凤华、李晶声、申碧峰、田富强、谢振华
单位地址：北京市海淀区车公庄西路21号　　邮政编码：100048
联系人：贺国平　　联系电话：010-88823094
传　真：010-88823073　　电子信箱：hgp2010@126.com

成果名称：土壤大孔隙流机理及产汇流模型研究

任务来源：科技部相关计划项目

计划编号：50609005、50309002、50479017、59779022

该项目分析了土壤中大孔隙的几何形状、概率分布、连通网络等特征，研究了土壤大孔隙流机理及水力特性参数，构建了大孔隙存在条件下的土壤两域流模型及算法，建立了一套从土壤微观孔隙和水流分析到宏观土壤水流和产汇流分析的研究体系。

该项目成果的主要创新点：

（1）提出了基于GIS的大孔隙土壤CT扫描图像处理技术，采用左拐弯和九方向判断相结合的大孔隙空间结构识别技术，以及逐层分析法和向上、向下追踪法相结合的大孔隙空间结构特征参数分析技术，对一系列土柱进行CT扫描，获得了土壤大孔隙空间结构分布特征。

（2）揭示了土壤质地、大孔隙数量、形状、大小等对含有大孔隙的土柱中水分运移的影响机制，量化了大孔隙分布对坡面产汇流及溶质运移的效应。

（3）建立了考虑土壤大孔隙分布的土柱尺度和坡面尺度的下渗两域模型及产汇流模型，提出了模型求解新方法。

（4）建立了基于网格的运动波方程的坡面汇流模型，提出基于LBM的求解方法，提高了洪水预报的精度。

该项目成果已在水文预报、土壤墒情预报、节水灌溉、地下水水环境保护、水土保持以及水资源评价中得到了应用，取得了显著的经济社会效益。

该项目研究成果已通过水利部国际合作与科技司组织的科技成果鉴定，成果整体达到国际先进水平，其中基于大孔隙流理论的产汇流模型研究达到国际领先水平。

主要完成单位：中国水利水电科学研究院、华南理工大学、珠江水利委员会珠江水利科学研究院、河海大学、江苏科技大学

主要完成人员：冯杰、黄国如、解河海、郝振纯、李致家、杨涛、张东辉、杨志勇、张小娜、尚熳廷、王鹏、王兴勇、邵伟、胡友兵、刘佩贵、张金凤

单位地址：北京市海淀区复兴路甲1号　　邮政编码：100038

联系人：冯杰　　联系电话：010-68781270

传真：010-68781270　　电子信箱：fengjie@mwr.gov.cn

成果名称：坎儿井式地下水库的开发与转化应用

任务来源：国家农业科技成果转化资金项目

计划编号：2009GB23320483

该项目将古老的坎儿井原理与现代施工技术相结合，提出了坎儿井地下水库的水资源开发利用模式。通过两年的转化与应用，对位于山前冲积扇的卵砾石含水层坎儿井式地下水库竖式取水井的施工技术、井间倒虹吸取水技术进行了研究和熟化，对现有设备进行了改进，完成了坎儿井式地下水库竖式取水井技术从研究到生产应用的转化，竖式取水井的集水井钻孔直径达到3.80m，水平井铺设长度超过30m，取水井间采用倒虹吸联通，形成了坎儿井式地下水库竖式取水井设计、施工、设备等技术应用模式，单井取水能力达到0.4m^3/s。

该项目在新疆建成了台兰河坎儿井式地下水库示范工程，供水能力1.6m^3/s，可解决灌区内6万亩农田灌溉和3万人的饮水问题。该项目具有显著的经济、社会和生态环境效益，推广应用前景广阔。

主要完成单位：水利部科技推广中心、中国水利水电科学研究院、新疆维吾尔族自治区水利厅、新疆水利水电规划设计管理局

主要完成人员：袁小勇、邓铭江、赵华、张治晖、石贵余、裴建生、霍兵、邹辛、王新、张璐、安德祥

单 位 地 址：北京市海淀区玉渊潭南路3号C座　　邮政编码：100038

联 系 人：袁小勇　　联系电话：010-63205481

传 真：010-63205474　　电子信箱：yuanxy@mwr.gov.cn

[二、防灾减灾]

成果名称：高土石坝地震灾变模拟与安全控制方法研究
任务来源：科技部相关计划项目
计划编号：90815024

该项目采用理论研究、大型振动三轴和离心机振动台模型试验，结合紫坪铺等大坝现场测试分析，围绕高土石坝筑坝料的动力特性、高土石坝的地震反应、极限抗震能力、地震安全评价方法与标准进行了系统的研究。

该项目成果的主要创新点：

（1）阐明了循环荷载作用下堆石料剪胀和硬化规律，建立了一个考虑颗粒破碎的堆石料循环荷载弹塑性本构模型。

（2）首次采用大型振动三轴仪和离心机振动台模型试验，揭示了先期振动对堆石料动力变形特性的影响机理以及对土石坝地震反应的影响规律。

（3）提出了高心墙堆石坝和高面板堆石坝极限抗震能力的评价方法，给出了安全控制标准。

该项目研究成果已在紫坪铺高面板堆石坝抗震抢险和震后除险加固方案优化设计及糯扎渡高心墙堆石坝工程设计中得到成功应用，取得了显著的经济和社会效益，推广应用前景广阔。

该项目成果已通过水利部国际合作与科技司组织的科技成果鉴定，成果达国际领先水平。

主要完成单位：南京水利科学研究院
主要完成人员：陈生水、李国英、郦能惠、米占宽、王年香、霍家平、韩华强、傅中志
单 位 地 址：江苏省南京市广州路223号　　邮政编码：210029
联 系 人：贾宁一　　联系电话：025-85828123
传 真：025-85828123　　电子信箱：nyjia@nhri.cn

成果名称：2D流域汛情预警评估系统（IWRS）应用研究

任务来源：水利部“948”计划项目

计划编号：200923

该项目引进了英国2D流域汛情预警评估系统（IWRS）软件，在消化吸收的基础上，编制了软件使用手册、技术说明。选取福建省闽江下游南岸溪源江流域为范例，完成了一维和二维尺度内对洪水动态模型的研究和演算，模拟了洪水涨退过程、淹没范围和历时，从而可为防洪预警、洪灾风险评估提供技术支持，对保障该区域人民群众的生命财产安全具有重要经济社会效益。

该项目把闽江下游南岸的溪源江流域作为典型应用。福州地区大学新校区位于溪源江流域下游，规划人口规模40万人，其中师生20万人，应用2D流域汛情预警评估系统（IWRS），快速准确地制定出流域防汛调度方案或应急措施，为保障该区域广大师生的生命安全具有重要意义和很大的技术经济效益。

该项目经福建省内其他两个江河流域项目的应用成果表明，可以较好地模拟洪水演进过程，为规划设计和防汛决策提供技术支持，有较好的推广应用前景。

主要完成单位：福建省水利规划院、福建省人民政府防汛抗旱指挥部办公室
主要完成人员：林国勇、丘汀萌、林捷、陆青、师琨、庄良松、林长荣、占树坤、董爱红、肖杭、龚继 、陈炜、马富明、陈清勇
单位地址：福建省福州市东大路229号6层　　邮政编码：350001
联系人：林国勇　　联系电话：0591-28309545
传真：0591-87600167　　电子信箱：fjfzlgy@gmail.com

成果名称：洪水风险分析系统推广
任务来源：水利部科技推广计划项目
计划编号：TG1002

该系统围绕模型的数据前处理、模型运行和计算结果后处理进行设计，实现了较为规范化的洪水分析过程。在系统开发过程中，按照实用、系统、灵活、可靠和经济等原则，借鉴国外同类软件的设计与开发经验，开展了系统的逻辑结构、系统组成、功能模块、数据流程和关键技术的设计和研发，形成了以自主的GIS技术为开发平台，以洪涝仿真模型、网格自动剖分技术和图形化数据处理技术为关键技术的洪水风险分析软件系统。

该系统利用数据库和图形技术，开发了高效、直观的模型数据前处理模块。以流域的电子地图为背景，将流域自然地理特征、下垫面条件、防洪排涝工程等信息，利用控件、表格、图形等输入形式，自动生成洪水分析模型所需要的基础数据、属性数据和运行控制数据。改变了现有的数据文件编辑模式，以可视化的控件方式，对保证模型运行的相关数据进行添加、修改、存储、删除等操作。系统开发了动态的模型数据后处理模块。利用GIS技术，将模型计算得出的结果数据（如洪水淹没过程、淹没范围和最大淹没水深等）动态展示在电子地图背景上，并开发多种查询模式，实现任意位置或组合条件下淹没信息的查询展示。

该系统完善了洪水风险分析系统，基本适应城市、蓄滞洪区和防洪保护区洪水分析计算的要求，完成了济南市城区、杜家台蓄滞洪区和长江洪湖监利干堤保护区共约3670km^{2}区域的洪水分析计算，结合各具体边界条件的洪水风险分析结果，在洪水风险图绘制中得到应用。软件还在南水北调中线总干渠高填方渠道洪水影响评价、佛山市内涝预警系统开发等项目中得到推广应用。

该项目改进完善的具有自主知识产权的洪水分析软件是洪水风险分析系统的核心，可以为洪水危险区的洪水分析计算、风险图编制、洪水影响评价、洪水预报预警、土地利用规划等工作的开展提供技术工具，对于提高洪水管理与规划部门的工作效率，促进洪水风险管理工作，减轻洪涝灾害损失和人员伤亡具有重要意义，推广应用前景广阔。

主要完成单位：中国水利水电科学研究院
主要完成人员：李娜、郑敬伟、王静、王艳艳、韩松、杜晓鹤、王杉
单位地址：北京市海淀区复兴路甲1号D座718　　邮政编码：100038
联系人：李娜　　联系电话：010-68781755
传真：010-68536927　　电子信箱：lina@iwhr.com

成果名称：山洪灾害监测预警实用系统
任务来源：水利部科技推广计划项目
计划编号：TG1069

该项目进行了四川省地震灾区小流域山洪泥石流临界雨量研究，编制完成了四川省山洪泥石流灾害临界降雨等值线图，并在孔隙水压力和振动法的山洪泥石流监测预警技术方面取得了创新成果。在四川省都江堰市地震极重灾区碱坪沟建立了包括雷达水位、降雨、孔隙水压力、含水量、振动、视频等25处监测点的山洪灾害监测预警示范基地（控制流域面积约10km^2），形成了一套较为完善的山洪灾害监测预警实用系统。同时完成了都江堰示范区山洪、泥石流分布与风险图件及撤离方案1套，申请发明专利和软件著作权各1项，发表论文4篇，培养博士研究生1名。

该项目成果在汶川地震灾区——都江堰市、绵竹市等山洪灾害多发区得到初步应用，取得了较好的防灾减灾效果，社会及经济效益显著，具有推广应用前景。

主要完成单位：中国科学院水利部成都山地灾害与环境研究所、北京天星奥德科技有限公司
主要完成人员：陈宁生、王万林、杨成林、丁海涛、范者正、孙涛
单位地址：四川省成都市人民南路四段9号　　邮政编码：610041
联系人：陈宁生　　联系电话：13808171963
传真：028-85224993　　电子信箱：chennsh@imde.ac.cn

成果名称：农村安全保障暴雨山洪自动监测系统成果转化与示范
任务来源：国家农业科技成果转化资金项目
计划编号：2010GB23320634

该项目针对山区农村环境特点，通过“可重配置型双信道遥测网和测报仪器设备”和“多通道水文数据采集软件”成果转化，集成了暴雨洪水自动测报、水雨情分析、遥测站运行管理、山洪预警信息发布等功能的多项技术，建成了农村安全保障暴雨山洪自动监测系统，并在江西省九江地区示范应用，实现了应急测报一体化、小型化，便于快速安装使用，自动监测站能在野外长期无人值守、可靠运行，特别是在暴雨洪水恶劣环境下能可靠工作，及时掌握雨情、水情，实现了水情数据实时自动采集传输、分析，及时发布预警预报和警报。

该项目解决的技术难点是自动监测站能在野外长期无人值守、可靠运行，特别是在暴雨洪水恶劣环境下可靠工作。创新点在于系统采用了无线网状网络体系结构，解决了遥测及遥视信道编码、高阶符号映射、抗干扰检测接收、备用通道软切换等技术问题，保证了系统在强雷击、暴雨等恶劣环境下可靠性运行，为国内首创，填补了国外技术不能适应中国特点的恶劣环境要求的空白，防汛指挥中心接收全部监测数据不超过 1min，并及时发布预警预报和警报。

该项目成果技术实用、易于操作，是防御农村山洪灾害的一项重要非工程措施，提高了农业防灾减灾现代化水平，增强了农村抵御自然灾害能力，降低了气候变化对农村人口安全、农业正常生产的影响，提高了农村人居安全系数，为农业保增长保民生保稳定提供了技术支撑，社会效益、经济效益显著，推广应用前景广阔。

主要完成单位：南京水利水文自动化研究所
主要完成人员：陈智、王吉星、李幸福、姚欣真、嵇海祥、刘伟、肖城、张文、王丰华、李承、王江燕、王健健、朱范华、符京城、耿彬彬
单位地址：江苏省南京市雨花台区铁心桥大街 95 号　　邮政编码：210012
联系人：陈敏　　联系电话：025-52898316
传真：025-52898315　　电子信箱：chenmin@nsy.com.cn

成果名称：水库汛限水位动态控制技术

任务来源：水利部科技推广计划项目

计划编号：TG1003

该项目选择河南板桥水库和山西漳泽水库两座大型水库作为试点，进行水库汛限水位动态控制技术推广应用，并做了大量分析研究和论证工作，提出了两座水库汛限水位动态控制方案，编制完成了《板桥水库汛限水位动态控制研究报告》和《漳泽水库汛限水位动态控制研究报告》。报告通过了有关部门的技术审查。

该项目总结了汛限水位动态控制技术的主要特点；针对国内水库开展汛限水位动态控制研究的需求及迫切性，完善了汛限水位动态控制技术的主要内容及方法；选取了板桥水库、漳泽水库两座水库作为典型水库，加以推广应用，使汛限水位动态控制相关科技成果能够快速高效转化为生产力，发挥其应有的社会与经济效益。

该项目研究成果在板桥水库、漳泽水库成功应用后，经济社会效益显著。据初步估算，板桥水库实施汛限水位动态控制后，年均城市供水量可增加 3540 万 m^3，年均直接经济收入可增加 410 万元，可以多解决 51.3 万人的生活用水，经济效益、社会效益显著；漳泽水库实施动态控制后，年均工业供水量可增加 213 万 m^3，年均供水经济收入可增加 256 万元，可以多解决 9.12 万城镇居民的生活用水，或多解决 15.36 万农村居民的生活用水，经济效益、社会效益显著。

通过该项目的实施，完善了水库汛限水位动态控制技术的主要内容与方法，进一步提高了水库汛限水位动态控制关键技术的通用性、实用性，可为今后全国范围内水库汛限水位动态控制技术的推广应用工作奠定一个良好的基础。同时，汛限水位动态控制技术的推广应用，不仅对于提高洪水资源利用率有重大的社会与经济效益，而且对于提高我国水库设计运用与洪水管理水平具有重要的理论价值。

该项目研究成果对完善我国水库调度运用方式、提高洪水资源利用率、缓解水资源供需矛盾等方面具有重要的意义，社会经济效益显著，推广前景广阔。

主要完成单位：中国水利水电科学研究院、河南省驻马店市板桥水库管理局、山西省漳泽水库管理局

主要完成人员：何晓燕、李辉、任明磊、张大伟、李昌志、李东法、王伟、曾宪才、卫国、张晓军、张虹飞、刘琳琳、刘洋、郭丹丹

单位地址：北京市海淀区复兴路甲 1 号　　**邮政编码：**100038

联系人：何晓燕　　**联系电话：**010-68781798

传真：010-68536927　　**电子信箱：**hexy@iwhr.com

成果名称：北方缺水地区大型水库汛限水位动态控制研究
任务来源：水利部公益性行业科研专项经费项目
计划编号：200801076

该项目的主要内容：

（1）水库分期汛限水位安全评估分析技术。开展了流域汛期分期划分方法和标准研究；分期设计洪水与水库防洪设计标准关系研究；水库分期设计洪水与汛限水位设计方法研究；水库分期汛限水位防洪安全评估方法研究等。

（2）水库汛限水位动态控制的风险分析技术。开展了水库汛限水位动态控制的风险分析技术研究；水库汛限水位动态控制的风险因子识别方法研究；各种风险因子的不确定性及定量分析方法研究；减少水库汛限水位动态控制风险的管理措施研究等。

（3）基于风险理念的汛限水位动态控制技术。开展了基于水文气象预报的汛限水位动态控制方法研究；基于实时预报调度的汛限水位动态控制技术研究；实时洪水概率预报及防洪调度风险分析方法研究；基于防洪库容补偿的梯级水库汛限水位动态控制技术研究；汛限水位动态控制效益与风险分析方法研究等。

（4）基于风险理念的汛限水位动态控制应急预案。开展了典型水库实时洪水预报方案制定技术研究；基于洪水相似性和退水规律的后续水量估算方法研究；典型水库汛限水位动态控制应急调度模型研究；基于风险理念的水库汛限水位动态控制的应急预案研究等。

（5）水库汛限水位动态控制技术指导文件。综合汛限水位动态控制现有研究成果，在相关法律法规的框架下，制定了具有可操作性的汛限水位动态控制指导性技术文件。

该项目成果的关键技术或创新点：

（1）研究提出了分期设计洪水重现期公式，发展了分期设计洪水与水库防洪标准之间关系构造的理论和方法。

（2）提出了短期降雨预报可利用度的评价指标及其计算方法，为利用降雨预报成果提供了一种新的判别方法和标准。

（3）提出了基于熵原理和贝叶斯理论的入库洪水过程的概率预报与防洪风险分析方法，为汛限水位动态控制风险分析、风险决策和风险管理提供了新方法。

（4）提出了基于防洪库容动态补偿的梯级水库汛限水位动态控制方法，为开展梯级水库的汛限水位动态控制研究奠定了基础。

该项目研究成果已在辽宁大伙房水库、河北潘家口水库、岗南水库和黄壁庄水库应用，通过模拟分析四库可获得多年平均多蓄水量 1.1 亿 m^3，对缓解北方地区的水资源紧缺具有重要作用，经济、社会和环境效益显著，具有较好的推广应用前景。

主要完成单位： 水利部水文局、南京水利科学研究院、河海大学、辽宁省水文水资源勘测局、河北省水文水资源勘测局

主要完成人员： 林祚顶、钟平安、王银堂、余达征、谢自银、梁忠民、章四龙、刘九夫、陈元芳、董秀颖、李薇、李静、王建群、梁凤国、马存湖等

单位地址： 北京市西城区白广路二条 2 号　　**邮政编码：** 100053

联 系 人： 李薇　　**联系电话：** 010－63203591

传　　真： 010－63204559　　**电子信箱：** liwei918@mwr.gov.cn

成果名称：冯家山水库漫坝风险分析与安全评价

任务来源：计划外项目

计划编号：

该项目研究采用课题组创建的漫坝风险分析理论，结合冯家山水库汛期调度方案，建立了冯家山水库漫坝风险模型，就水库对抗各级洪水为其上限的洪水系列与汛期有效风系列联合作用下的漫坝风险进行了计算。研究中提出的以 10^{-6} 数量级作为冯家山水库目标风险概率是可以接受的。冯家山水库按照原设计规定的调度方案，对于5000年一遇校核洪水，以707m为起调水位，对第一临界高程即坝顶高程716m和对第二临界高程即防浪墙顶高程717.2m而言的漫坝风险数值都很小，其漫坝安全可靠度高达99.999999%以上。这样的可靠度是可以接受的。

课题组根据漫坝风险计算结果，对从5年一遇到100年一遇的各级洪水，将每年7～9月的汛期起调水位（汛限水位）从707m抬高到708m，同时，把下泄流量控制在300m^3/s以内，一方面可以使水库多蓄水1238万m^3，另一方面又可收到水库下游的减灾效益，其效益是十分显著的。此建议是谨慎可行的，可供有关部门决策参考。

该项目成果的主要创新点：

（1）该项研究不同于传统的洪水分析方法，采用课题组创建的漫坝风险分析理论，全面综合考虑洪水、风浪、库容和泄水能力四个方面的随机性。

（2）建立了水库调洪演算的随机微分方程。

（3）提出以 10^{-6} 数量级为可接受的漫坝风险标准。

（4）提出“汛期有效风”的概念，即汛期（例如6月、7月、8月、9月）吹向大坝迎水坡的法线方向及其左右各45°范围内的月最大风速，使其风浪爬高的数值偏于安全方面。

（5）在确保大坝对抗洪水与风浪联合作用下漫坝安全可靠度高达99.999%以上的前提下，优化不同洪水频率下防洪调度方案，使得下泄流量既不超过下游河道安全泄量，同时上游水位也不超过允许淹没高程的理想境界。

在水库运用中，采用该项目所提建议，取得了显著的经济效益和社会效益。

该项目研究成果已通过水利部国际合作与科技司组织的科技成果鉴定，成果整体达到国际先进水平。

主要完成单位：宝鸡市冯家山水库管理局、北京润泽尔邦环保科技有限公司、陕西省水利厅科技处
主要完成人员：王宗林、李其军、李瑛、陈文让、孙颖、耿乃立、腾莉梅、郝晓静、贺瑞琼、钟勇、姚德仓、苏新军、张占勋、于辉
单位地址：陕西省宝鸡市陈仓区虢镇北门　　邮政编码：721300
联系人：王宗林　　联系电话：0917-6213428
传真：0917-6213429　　电子信箱：wangzong3428@163.com

成果名称：蛤蟆通水库漫坝风险分析与安全评价

任务来源：计划外项目

计划编号：

该项目研究采用课题组创建的漫坝风险分析理论，结合蛤蟆通水库汛期调度方案，建立了蛤蟆通水库漫坝风险模型，就水库对抗各级洪水为其上限的洪水系列与汛期有效风系列联合作用下的漫坝风险，进行了计算。研究中提出的以 10^{-6} 数量级作为蛤蟆通水库目标风险概率是可以接受的。蛤蟆通水库按照原设计规定的调度方案，对于 2000 年一遇校核洪水，以 87.78m 为起调水位，对第一临界高程即坝顶高程 91.38m 和对第二临界高程即防浪墙顶高程 92.38m 而言的漫坝风险数值，分别为 0.000000000000 和 1.6761023×10^{-6}，其漫坝安全可靠度高达 99.999% 以上。这样的可靠度是可以接受的。

课题组根据漫坝风险计算结果，提出将蛤蟆通水库 10 年一遇至 100 年一遇洪水，汛限水位由 87.78m 抬高为 88.28m，其漫坝风险仍是可以接受的，可增加 1255 万 m^3 的调蓄能力。此建议是谨慎可行的，可供有关部门决策参考。

该项目成果的主要创新点：

（1）该项目研究不同于传统的洪水分析方法，采用课题组创建的漫坝风险分析理论，全面综合考虑洪水、风浪、库容和泄水能力四个方面的随机性。

（2）建立了水库调洪演算的随机微分方程。

（3）提出以 10^{-6} 数量级为可接受的漫坝风险标准。

（4）提出“汛期有效风”的概念，即汛期（例如 6 月、7 月、8 月、9 月）吹向大坝迎水坡的法线方向及其左右各 45° 范围内的月最大风速，使其风浪爬高的数值偏于安全方面。

在水库运用中，采用该项目所提建议，取得了显著的经济效益和社会效益。

该项目研究成果已通过水利部国际合作与科技司组织的科技成果鉴定，成果整体达到国际先进水平。

主要完成单位：黑龙江省八五二农场、北京新水泽源科技有限公司、蛤蟆通水库灌区管理处

主要完成人员：李其军、刘焕友、何军、腾莉梅、杨贵清、孙颖、张健、钟勇、祝成功、黄春花、阎永刚、郝维阁、杨德利、赵豫川

单位地址：黑龙江省宝清县　　邮政编码：155620

联系人：杨清贵　　联系电话：0469-5308462

传真：0469-5308463　　电子信箱：852swj@163.com

成果名称：长江三角洲地区城市化对洪涝孕灾环境的影响研究

任务来源：水利部公益性行业科研专项经费项目

计划编号：200701024

该项目以长江三角洲地区为典型，重点研究快速城市化发展对流域水文特征及暴雨洪水的影响，探讨城市化流域洪涝孕灾环境的变化规律，主要完成了以下研究工作内容：

（1）通过不同时期遥感影像解译以及地形图资料对比分析，探讨了长三角各主要水系单元城市化对流域下垫面与河流水系的影响，定量分析了城市化发展各时期下垫面变化特征以及河流水系的衰减程度，揭示了城市化地区下垫面孕灾环境的变化特征。

（2）通过各典型城区与郊区同期长序列降雨资料的对比分析，探讨了城市化对研究区不同时段降雨的影响；依据平原水网区长序列水位资料，探讨了城市化下河网水位以及调蓄能力变化特征。

（3）以太湖西苕溪城镇化小流域为实验区，建立了城镇化小流域水文观测实验基地，开展城市水文实验观测对比，并选用多种水文模拟模型，定量模拟预测了城市化发展对流域降雨径流与暴雨洪水的影响。

（4）从城市化下致灾因子的危险性、承灾体易损性以及孕灾环境脆弱性几个方面，综合评价了城市化下洪涝灾害风险及其变化特征，并探讨了减轻洪涝灾害的对策措施。

该项目采用多学科综合研究方法，将宏观和微观相结合，流域上的时间尺度和空间尺度相结合，确定性分析与特征统计相结合，水文模拟与地理综合相结合，重点探讨我国长江三角洲地区城市化发展对孕灾环境的影响，为经济发达的长江三角洲城市化地区防洪减灾提供决策支持。其研究主要特色和创新点有：

（1）该项目选择长江三角洲这个洪涝灾害日趋加剧的经济发达区为例，开展城市化水文效应及其对洪涝灾害的影响，研究区域特色显著，并填补了我国城市化地区水文和防洪减灾研究的不足。

（2）该项目采用多学科交叉综合方法，借助遥感和GIS技术作支持，将区域全面分析与实地观测实验相结合，应用城市暴雨洪水模拟模型以及洪水风险分析与灾情评估模型，定量模拟分析下垫面变化对水文过程的影响规律。其研究综合利用了当今最先进的研究方法和技术手段，因此在分析方法和技术手段上有一定特色和创新。

（3）该项目采用洪水风险分析和洪涝灾害风险管理的理念，在对高度城市化的长江三角洲地区人水和谐共处、建立多元化的防洪减灾体系研究方面也有一定特色。

该项目所探讨的城镇化小流域暴雨洪水变化规律，以及城镇化影响下小流域暴雨洪水模拟模型，已在研究区内安吉县以及宁波鄞州区防洪减灾中得到推广应用。

该项目研究成果为长江三角洲地区河流湖泊保护、暴雨洪水预测、洪涝孕灾环境与风险变化评估等领域提供帮助，也为我国城市化地区防洪减灾研究提供有力支持。该项目基于小流域实验分析得出的城镇化洪涝灾害风险的研究成果，已直接应用到西苕溪、奉化江等防汛工作中，平均每年可获得约3000万～3500万元直接经济效益和上亿元的社会效益。

主要完成单位：南京大学、河海大学、南京水利科学研究院
主要完成人员：许有鹏、都金康、张立峰、王腊春、王慧敏、李国芳、吴永祥、陈莹、尹义星、徐金涛、王栋、潘光波、徐光来、周峰、叶正伟等
单 位 地 址：江苏省南京市汉口路22号　　邮政编码：210093
联 系 人：张立峰　　联系电话：025-89680673、13851654338
传 真：025-89682686　　电子信箱：zhlif32@126.com

成果名称：南水北调中线工程输水能力与冰害防治技术研究
任务来源：科技部相关计划项目
计划编号：

该项目针对南水北调中线干线规模大、建筑物多、运行条件复杂的特点，采用理论分析、数值模拟和试验研究、原型观测（京石段）相结合的手段，对南水北调中线工程的水力特性、渠道运行控制、渠道冰期输水特性和冰期运行控制及冰害防治、大型渠道超高设计及中线工程信息技术等问题进行了系统的研究，取得了丰硕的研究成果。

该项成果的主要创新点：

（1）在复杂输水系统建模与仿真方面，利用面向对象和模块化建模思想，创建了自适应建模的数值模拟和仿真平台。

（2）在闸前水位集散控制模式和算法方面，提出了包括“改进前馈环节、水位—流量串级反馈环节和解耦环节”的控制模式，可以提高系统的响应速度、稳定性和鲁棒性，减小水位变幅。

（3）在复杂明渠输水系统控制参数整定方面，提出了基于ID模型的整定算法，建立了控制参数与渠池敏感性指标间的关系，研究了参数的在线整定方法，可快速整定控制参数。

（4）在复杂输水系统冰期特性研究方面，开发了基于GIS系统的冰期特性研究模型，深入研究了冰期输水特性，研究成果与实测结果吻合良好。 利用神经网络技术提出了工程沿线气温转正和转负的新算法，提高了冰期预报精度。

（5）提出了渠道冰期输水运行控制指标、运行方式和控制算法，分析了冰期输水能力，为安全输水提供了技术支撑。

（6）在冰害防治措施研究方面，提出了运行方式、水位流量控制、拦冰结构等防治措施。研制的双缆网式拦冰索有利于冰盖的形成，并具有较好的稳定性。

（7）在大型输水渠道超高设计理论方面，提出了大型输水渠道超高的设计方法和计算公式。

（8）在复杂输水工程模拟平台开发方面，开发了三维GIS仿真平台、二维GIS模拟平台和WebGIS信息发布平台，并具有较好的可兼容性和实用价值。

该课题的部分研究成果已被南水北调中线工程的设计及运行调度参考应用，对于提高中线工程的设计和运行调度管理水平，保障工程安全运行起到了重要的科技支撑作用，对提高工程的输水效率和可靠性有重要的意义和价值。

该项成果可供同类大型长距离调水工程科研、设计、运行、管理及升级改造借鉴和参考，对我国大型灌区自动化设计和运行也具有重要的参考价值，研究成果具有重要的社会和经济价值。

该项研究成果已通过水利部国际合作与科技司组织的科技成果鉴定，成果达到国际领先水平。

主要完成单位：中国水利水电科学研究院、南水北调中线干线工程建设管理局、长江水利委员会长江勘测规划设计研究院、天津大学、武汉大学

主要完成人员：刘之平、吴一红、汪易森、陈文学、程德虎、文丹、练继建、杨开林、王长德、崔巍、穆祥鹏、石春先、吴泽宇、郭晓晨、管光华等

单位地址：北京市海淀区复兴路甲1号　　**邮政编码**：100038

联系人：崔巍　　**联系电话**：010-68781559

传真：010-68538685　　**电子信箱**：joylife@126.com

成果名称：三峡工程运用后泥沙与防洪关键技术

任务来源：科技部相关计划项目

计划编号：2006BAB05B00

该项目首次利用三峡水库蓄水运用以来的观测资料，全面、系统研究了三峡工程运用后泥沙与防洪关键问题。综合运用原型观测、数学模型计算、实体模型试验等手段，在水沙模拟技术及防洪对策研究上取得了丰富成果。该项目成果的主要创新点如下：

（1）在已有成果的基础上，综合集成长江上游、三峡水库和长江中下游水沙数学模型，实现了上游水沙变化、三峡水库水沙调控与中下游河道冲刷响应的系统模拟。针对三峡水库复杂的泥沙淤积过程，研究并建立了三峡水库絮凝和淤积物干容重变化数值模拟模式。建立了长江中下游一、二维耦合水沙数学模型，创建了适应长历时长距离冲刷相关的干湿河床、河道断面调整及动床阻力等计算模式，经实测资料验证，成功模拟了长江中下游复杂的水沙关系、江湖关系。

（2）利用三峡水库蓄水运用以来的观测资料，揭示了水库泥沙淤积、中下游河道冲刷、江湖关系、蓄泄关系的变化规律，分析了新变化对长江中下游防洪格局的影响；研究并验证了三峡水库可长期使用的结论，明确了三峡水库对城陵矶补偿的防洪库容，为优化三峡水库防洪调度方式提供了技术支撑。

（3）采用新的水沙系列，考虑上游水库拦沙作用，科学预估了三峡水库来水来沙、水库泥沙淤积及中下游河道冲淤变化的趋势；定量计算了三峡水库泥沙淤积的影响，以及江湖关系、蓄泄关系变化对长江中下游防洪情势的影响，提出了荆江河段治理方案和洞庭湖区、鄱阳湖区防洪综合治理措施。

该项目研究对三峡水库调度、长江中下游洪水调度进行了重大修订，为长江中下游防洪规划和河道治理、洞庭湖区和鄱阳湖区综合规划提供了技术支撑。该成果已经应用于国家防总批复的“三峡水库优化调度方案”和“长江洪水调度方案”，社会、经济和环境效益显著，对其他流域具有参考价值。

该项目成果已通过水利部国际合作与科技司组织的科技成果鉴定，成果总体上达到国际领先水平。

主要完成单位：长江勘测规划设计研究有限责任公司、长江水利委员会长江科学院、中国水利水电科学研究院、清华大学、南京水利科学研究院

主要完成人员：仲志余、施勇、方春明、卢金友、李丹勋、胡维忠、姚仕明、宁磊、王兴奎、董耀华、毛继新、陈肃利、邵学军、陈松生、栾震宇

单位地址：湖北省武汉市解放大道1863号　　邮政编码：430010

联系人：胡维忠　　联系电话：027-82829507

传真：027-82829202　　电子信箱：huweizhong@cjwsjy.com.cn

成果名称：黄河中下游中常洪水水沙风险调控关键技术研究
任务来源：水利部公益性行业科研专项经费项目
计划编号：200701036

通过理论分析提出了黄河中下游中常洪水水沙调控风险指标体系；计算分析了小浪底水库和下游河道5个单项风险调控效益和风险；综合考虑洪灾损失、水资源利用效率、泥沙冲淤风险，建立了小浪底水库中下游中常洪水水沙风险调控效果评价模型；选取典型洪水，综合分析计算了小浪底水库淤积、发电、蓄水变化，下游滩区淹没损失、河道冲淤、平滩流量变化等方面的综合效益和风险情况，提出了不同典型洪水相对较优的风险调度模式。

该项目成果的创新点：

（1）构建了具有较好代表性的中常洪水水沙调控风险指标体系。

（2）在综合分析溯源冲刷内在机理及前人研究成果的基础上，结合原型资料、水槽试验资料，研究水库的溯源冲刷过程及冲刷模式，实现了溯源冲刷模式与水动力数学模型的耦合，改进和完善了水库水沙运行和调度计算模型。

（3）发展了对黄河下游水沙运行规律的认识，建立了全面反映关键因子作用的估算各种情景下河道冲淤效果及空间分布的计算方法。

（4）通过泥沙淤积对社会经济的危害机理研究，结合黄河中下游防洪环境特点，计算分析了小浪底水库和下游河道不同淤积水平条件下，黄河中下游洪水灾害的危险性和损失大小，建立了泥沙淤积风险评价模型。

该研究成果在小浪底水库2009年和2010年汛前调水调沙预案的制定中得到应用。

该项目所取得的一系列成果为小浪底水库调度、黄河下游防洪规划以及黄河防汛方案制定等治黄实践提供了技术支撑，对其他多沙河流治理也有广泛的推广应用价值，经济效益与社会效益显著。

主要完成单位：黄河水利委员会黄河水利科学研究院
主要完成人员：李勇、田勇、张晓华、马怀宝、窦身堂、李小平、张敏、田世民、王卫红、孙赞盈、王平、韩巧兰、张防修、侯志军、曲少军等
单位地址：河南省郑州市顺河路45号　　邮政编码：450003
联系人：田勇　　联系电话：0371-66020427
传真：0371-66025027　　电子信箱：1827338983@qq.com

成果名称：城市突发强暴雨洪水形成机理及预报技术研究

任务来源：水利部公益性行业科研专项经费项目

计划编号：200801033

该研究利用济南市雨量站汛期降雨和洪水资料，基于多种分析方法和时间尺度分析了济南城区汛期降雨历史变化趋势，对城、郊同期汛期降雨、洪水特征进行对比分析，揭示了城市化对济南市暴雨洪水的影响。阐明基于分布式水文水动力学思想构建的SWMM模型对城市暴雨洪水的形成及排除具有较强的模拟能力，从理论上证明了基于SWMM模型构建济南市城市雨洪模型的可行性；运用双层排水系统思想构建基于SWMM模型的济南市城市雨洪模型，经过15场量级较大暴雨洪水检验证明了模型良好的可靠性。建立基于格子波尔兹曼方法的济南市城市雨洪模型模拟济南市城区暴雨洪水形成过程，模型模拟精度良好。该系统以GIS为平台，以城市暴雨洪水模型为核心，融合本研究所开发的多种雨洪模型，开发的软件《济南市城市暴雨洪水预警预报系统》已获国家计算机软件著作权登记。

该项目成果的关键技术或创新点：

（1）利用济南市雨量站汛期降雨和洪水资料分析了济南城区汛期降雨、洪水历史变化趋势，揭示了城市化对济南市暴雨洪水的影响，反映了济南市城市化水文效应。

（2）阐明基于分布式水文水动力学思想构建的SWMM模型对城市暴雨洪水的形成及外排具有较强的模拟能力，运用双层排水系统思想构建基于SWMM模型的济南市城市雨洪模型，经过15场量级较大暴雨洪水检验证明了模型良好的适应性。

（3）建立了基于格子波尔兹曼方法的济南市城市雨洪模型，模拟了济南市城区暴雨洪水形成过程，该模型由流域水文模型、坡面汇流模型、洼地调蓄模型和河道洪水演算模型等四个子模型组成，利用小清河黄台桥水文站8场次暴雨洪水资料对该模型进行了验证分析，证明该模型具有良好的模拟精度。

（4）研制济南城市暴雨洪水预警预报系统，该系统以GIS为平台，以城市暴雨洪水模型为核心，融合本研究所开发的多种雨洪模型，以实现对济南市城区暴雨洪水预警。

该研究以济南市为研究试点，研究成果在济南市城市防汛部门得以应用，项目组已将其部分研究成果推广到广州市，对广州城区暴雨内涝过程进行了模拟研究。

该项目为城市防洪减灾项目，本身并不能直接创造经济效益，其经济效益主要来自于应用了该系统，充分发挥了非工程措施的积极作用，从而减少城市洪涝灾害所造成的损失，所得到的效益主要为社会效益和间接产生的经济效益。

主要完成单位：河海大学、华南理工大学

主要完成人员：冯杰、芮孝芳、黄国如、黄振平、黄利群、罗健、宿文姬、石朋、胡海英、刘宁宁、喻海军、黄晶、李健华、胡伟贤、何文华

单位地址：江苏省南京市西康路1号　　邮政编码：210098

联系人：冯杰　　联系电话：13522915972

传真：　　电子信箱：fengjie@mwr.gov.cn

成果名称：移动式液压潜水泵装置技术设备推广
任务来源：水利部“948”计划项目
计划编号：201042

移动式液压潜水泵装置是在水利部“948”引进项目“移动式液压潜水轴流泵技术及设备”的基础上，创新研制出的一款履带式移动液压潜水泵装置。该装置整体性能优良，具有自备动力、自行移动、自行就位、安全驻车和线控操作等功能，解决了移动泵装置在复杂作业场地就位难、安全可靠性差、配套动力难等实际问题，可在泥泞、湿滑、堤坡等复杂抢险场地正常抽水作业，并且操作简便，投入快捷，可大大减轻现场作业人员的劳动强度，有效提高作业效率。

另外，该装置的液压支腿设计合理，具备安全驻车功能的同时，可用于支起车身主体，方便普通卡车直接装卸，该装置也可依靠自身行走功能上下平板车，有利于快速长途转运。

该装置系统结构设计合理，根据用户需求，可非常方便地形成流量 0.1 ～ 1.0m^3/s、扬程 5 ～ 20m 的系列化移动式液压水泵产品，为该装置的系列化、规模化、产业化生产奠定了基础。该装置的主要部件均选用国产品牌，成本低。

通过项目实施，培植和发展了项目实施单位与中国长江动力公司（集团）产业化能力。

该项目已在湖北省防汛抗旱部门推广应用，目前已交付使用 7 台套，推广应用前景广阔，社会、经济效益显著。

主要完成单位：湖北水利水电职业技术学院
主要完成人员：甘齐顺、刘德祥、刘祖强、叶良才、高峰、郑宝钢
单位地址：湖北省武汉市珞狮南路 306 号　　邮政编码：430070
联系人：甘齐顺　　联系电话：13871013168
传真：027-87378101　　电子信箱：ganqs@126.com

成果名称：高速智能堤坝抢险打桩平台关键技术的研究

任务来源：水利部公益性行业科研专项经费项目

计划编号：200701033

该项目的主要内容：

（1）堤坝抢险现场复杂环境下高速智能打桩平台的总体方案，以及各单元关键技术的验证。研制三台行走平台原型样机和一台振动打桩头样机。进行了平台行走机构和控制总体方案设计、运动规划与控制和模拟仿真与优化；对行走机构的零部件和具体控制系统进行了设计；试制了模型并进行了各项子功能的试验。

（2）多功能打桩机械手机构设计、优化与仿真分析。研究打桩机械手自动抓桩、桩体定位和随桩体随动下移等功能的实现方式，研究现场情况下的送桩模式，对打桩机械手进行总体方案设计、模拟仿真与优化；研究打桩机械手的控制与操作方式，控制系统的设计与调试，打桩机械手的各项功能的运动规划；对打桩机械手的零部件和具体控制系统进行设计；试制模型并进行各项子功能的试验。

（3）建立智能化打桩试验台。建立了基于桩侧摩擦的动力学分析、计算模型，并对打桩过程进行了仿真。对隔振器参数进行了优化设计，设计了激振力为36t，振动频率为50Hz液压振动桩锤的激振器。在液压打振实验平台上，针对不同土壤条件，通过实验，研究了振动沉桩位移与激振频率、激振力幅值之间的变化规律。

（4）设计并试制完成液压振动打桩头。采用创新性的上、下两组偏心块电跟踪技术，可独立实现系统的调幅和调频，系统结构得到了极大的简化，设备可靠性也得到了很大的提高，特别便于实验过程中试验参数的改变。

该项目成果的关键技术或创新点：

（1）在国内外首次提出基于腿式行走机器人和桩上爬行机器人系统平台方案，具有适应堤坝抢险现场复杂环境和强水流环境以及其他一些不确定情况下的陆地、浅水爬行、定位和调整能力。

（2）对液压振动打桩技术及工艺进行了系统研究；建立了智能化的液压打振实验平台。

（3）采用电跟踪技术的多功能打桩机械手具有自动抓桩、桩体定位和随桩体随动下移等功能，可独立实现系统的调幅和调频。

该研究成果在抗洪抢险复杂环境下的打桩操作具有很好的推广应用前景。各分系统形成的产品以及它们的集成具有产业化前景，对提高水利抗洪抢险能力有重要作用。

主要完成单位：河海大学

主要完成人员：朱灯林、卞新高、何钢、钱雪松、梅志千、汤炳新、张敏、朱炳麒、高敏等

单位地址：江苏省常州市晋陵北路200号　　邮政编码：213022

联系人：高敏　　联系电话：0519-85191985

传真：　　电子信箱：gaom@hhuc.edu.cn

成果名称：抢护汛期堤防失稳险情的新材料开发和应用

任务来源：水利部公益性行业科研专项经费项目

计划编号：200801030

该项目对长江流域几个典型河段的相关情况进行调研，分析和总结了汛期堤坝失稳的成因、特点和应用的抢险技术。同时进行了渗流作用下的堤坝岸坡冲刷室内试验，研究和分析了渗流作用下的堤防失稳机理和破坏情况。在上述基础上，研发了抢护堤坝背水坡渗水险情的三维土工滤垫、抢护堤坝漫溢浪坎险情的超长防汛管袋和抢护堤坝崩岸险情的快速固化石等多项新材料和新设备。

该项目成果的关键技术或创新点：

（1）分析了汛期堤坝失稳的类型、成因、预兆和抢护技术；堤坝岸坡冲刷室内试验结果表明流速与冲刷破坏程度之间呈良好的指数关系，研究了渗流作用下的堤防失稳机理和破坏情况；

（2）研发了抢护堤坝背水坡渗水险情的三维复合滤垫、漫溢浪坎险情的超长防汛管袋和崩岸险情的快速固化石等3项新材料，研制了生产三维复合滤垫及快速固化石等两项新设备；

（3）通过项目孵化监理了一条中试生产线。

对该项目研制的新材料进行了现场试验（中试），试验表明，开发和研制的新材料和新技术具有简便快捷、成本低和效果好等优点，具有良好的推广应用前景。

该项目研制的新材料已推广应用于钱塘江防汛抢险和南水北调等工程中，取得了良好的经济社会效益。

主要完成单位：南京水利科学研究院、江苏省水利物资总站

主要完成人员：陈迅捷、黄国情、韦华、张燕驰、王小东、谢兴华、谈叶飞、陶同康、欧阳幼玲、钱文勋、丁绿芳、施凯华、贺永会、陈擎宇等

单位地址：江苏省南京市广州路223号　　邮政编码：210029

联系人：沙海飞　　联系电话：13915975513

传真：025-83722439　　电子信箱：hfsha@nhri.cn

成果名称：IBIS—L 地形微变远程监测仪——病险堤坝变形远程监控系统

任务来源：水利部“948”计划项目

计划编号：200904

该项目取得了系列成果：

（1）引进了意大利 IDS 公司生产的 IBIS-L 设备一套。

（2）消化吸收完成《IBIS-L 地形微变远程监测仪使用说明书》。

（3）开发了 IBIS-L 堤坝边坡变形预警系统一套；完成《IBIS-L 堤坝边坡变形预警系统研发报告》和《IBIS-L 堤坝边坡变形预警系统操作指南》。

将该设备监测数据和常规监测数据结合分析的功能，可应用于堤防、边坡的变形监测和预警。

利用该成果，结合广西自己水利枢纽库区剥隘镇滑坡体监测、广东肇庆市新湾水库除险加固后坝体监测，对病险堤坝滑坡体开展变形监测和除险加固效果的评估工作，效果良好。由于该设备在监测过程中可实现远程遥测，不需要埋入电线和传感器，也不需要人员在整个观测范围中作业，显著减轻了变形监测劳动强度，减少了观测人员，节省了变形传感器等费用，取得了明显的社会和经济效益。

相比于传统变形观测设备，由于 IBIS-L 具有遥测距离可达 4km、位移精度高、可进行面源监测、全天时监测、图像采集时间短、不需内部埋设等优点，在病险堤坝、山体滑坡的变形预警和决策等方面，具有良好的推广应用前景。

主要完成单位：珠江水利委员会珠江水利科学研究院

主要完成人员：王琳、陈龙、黄胜伟、张建军、黄志怀、官大庶、林俊、吴彦、姜宇、张来新、王磊、吴创福

单 位 地 址：广东省广州市天河区天寿路 80 号　　**邮政编码：**510611

联　系　人：刘春玲　　**联系电话：**020—87117188

传　　　真：020—87117467　　**电子信箱：**cuckoolucy@gmail.com

成果名称：ENVIS 数字化区域旱情监测系统引进与应用
任务来源：水利部“948”计划项目
计划编号：201023

该项目针对辽宁省旱情监测自动化程度不高等问题，引进德国英默克微模技术公司的 ENVIS 数字化区域旱情监测系统，实现了降雨、蒸发、土壤墒情、气温等 11 个要素旱情信息的实时监测；并以多要素旱情监测指标为基础，建立了旱情分析模型和干旱预警模型，解决了长期以来旱情监测周期长、时效性差、被动抗旱等问题。

该项目主要研究成果：一是以 ENVIS 系统监测指标为基础，选取 7 项干旱评价指标，对当地 45 年历史旱情进行了逐月、逐季、逐年分析和评判，并选取典型年对干旱评判结果进行验证，分析得出不同指标在反映干旱程度上的敏感性、差异性，并选择响应程度好的指标组建了适合彰武地区应用的旱情监测分析系统；二是以监测指标为主要参数，建立了干旱预测、预警模型。

该项目成果已在辽宁省旱情监测站网建设、彰武县抗旱预案编制、辽宁省抗旱监测中进行了实际应用，取得了良好的效果。

在辽宁省抗旱规划中，要求墒情站全部实现自动采集与传输，易旱区每个县级行政区建 5 处固定墒情站，非易旱区建 3 处墒情监测站，全省总计建立墒情站约二百余处，推广应用前景广阔。

主要完成单位：辽宁省水利水电科学研究院
主要完成人员：王保泽、李[illegible]、孟维忠、葛岩、张立坤、凡久彬、李春龙、佟威、张丹、王海兵、苏阳
单位地址：辽宁省沈阳市和平区十四纬路 1 号　　邮政编码：110003
联系人：刘玉珍　　联系电话：024-23863616
传真：024-23864083　　电子信箱：nt23850576@163.com

成果名称：基于遥感的喀斯特地区旱情业务化监测技术转化应用
任务来源：国家农业科技成果转化资金项目
计划编号：2010GB23320643

该项目紧密围绕干旱问题，将岩溶石漠化动态监测与管理技术和基于遥感的华南旱情业务化监测技术有机结合，通过干旱等级划分综合指标、干旱遥感监测实用模型以及旱情监测业务化运行系统等方面的中试转化应用，建立了实用可行的喀斯特地区旱情遥感监测方法，并研发了旱情遥感监测业务化运行辅助软件。该项目在多源遥感数据协同旱情监测、喀斯特地区干旱指标及等级划分标准等方面取得了研究成果，并在气象、遥感、水资源等多源信息进行旱情综合分析技术方面具有一定的创新性。

通过该项目的实施，基于遥感的区域旱情业务化监测技术成功实现了由流域或省级尺度向喀斯特地区地市级尺度的转化，具备了在广大岩溶石漠化地区抗旱工作中推广应用的熟化程度，可为喀斯特地市级地区区域旱情监测提供技术服务，为相关管理决策提供科学依据。

该项目执行期间，在广西壮族自治区柳江县建立了示范应用基地，中间性试验总规模为375万亩，项目提出的实用化、业务化的岩溶石漠化地区旱情监测方法在该县旱情遥感监测中得到了较好的应用。

同时，在广西壮族自治区以技术服务方式推广应用了“基于遥感的喀斯特地区旱情业务化监测技术转化应用”项目转化成果技术1套，完成销售收入11.5万元、技术服务收入11.5万元，实现利税11.5万元。该项目产生了显著的经济效益、社会效益和生态效益，推广应用前景广阔。

主要完成单位：珠江水利委员会珠江水利科学研究院
主要完成人员：喻丰华、扶卿华、余顺超、亢庆、尹斌、赵敏、陈丹、王行汉、丁晓英、杨留柱、陈黎、唐庆忠、曾麦脉、伍容容、曹珮
单位地址：广东省广州市天河区天寿路80号　邮政编码：510611
联系人：刘春玲　联系电话：020-87117188
传真：020-38491316　电子信箱：cuckoolucy@qq.com

[三、水环境]

成果名称：突发性水污染事件应急响应系统推广

任务来源：水利部科技推广计划项目

计划编号：TG1010

该项目以金沙江流域向家坝河段作为基本研究区域，构建了本底数据平台，在数据库中集成了基础地理数据库，能够满足突发性水污染事件的水污染事件分析及应急决策所需。构建了二维水动力学模型及专业水污染扩散数值模型，在此基础上结合已有的各专题数据库，完成了水污染事件接警、取水口预警、应急预案生成等应急决策业务功能，可以实现向家坝库区水污染事件应急信息化管理。

该项目主要成果如下：

（1）为向家坝库区构建了实用的基础信息数据库，集水质模型、信息管理和GIS技术为一体；建立的水质水量模型能适应各种复杂地形，并考虑动边界问题，可以适应水涨水落造成的计算区域变化，可计算高锰酸盐指数、总磷等不同类型污染物的扩散问题。

（2）系统基于高精度DEM，可实现在三维仿真环境下查询污染浓度、扩散范围及扩散时间，可快速进行水污染损失评估，有效提高了应急指挥的快速性、准确性和科学决策水平。

（3）该项目完成了金沙江上游向家坝库区突发性水污染事件应急响应系统的推广，应用范围约$200km^2$。

该项目通过将3S技术应用于突发性水污染事件的应急管理，能够为技术人员、业务专家和行政领导提供快速、直观、形象、可靠的信息展示，为流域水环境保护提供有效的信息服务和技术支撑，社会、经济和生态环境效益显著，推广应用前景广阔。

主要完成单位：长江水利委员会长江科学院

主要完成人员：谭德宝、陈蓓青、沈定涛、张煜、张治中、黄俊、叶松、张艳军、芦云峰、宋丽、夏煜

单 位 地 址：湖北省武汉市江岸区黄浦大街23号　**邮政编码：**430010

联 系 人：沈定涛　**联系电话：**15927356772、027-82828995

传 真：　**电子信箱：**mangoTao2012@gmail.com

成果名称：南方地区小城镇水污染控制模式研究

任务来源：水利部公益性行业科研专项经费项目

计划编号：200801028

该项目对南方地区小城镇社会经济发展模式、水污染特征识别与诊断、水环境质量评价、污染物输移规律、污染关键源区判别、污染负荷分析与预测、小城镇水污染控制技术与集成体系、小城镇水污染控制模式、小城镇水污染防控定量模拟等关键技术进行了系统研究，并开展了关键技术的试点应用研究。

该项目成果的关键技术或创新点：

（1）建立了南方地区小城镇水污染诊断分析模型和非点源污染发生潜力的指数评价系统。

（2）建立了南方地区小城镇系统动力学污染物排放预测模型和水污染负荷分析模型，制定了水污染防控最佳管理方案和措施。

（3）形成了适用于南方地区小城镇水污染控制集成技术体系，构建了前置库—静脉河道低污染水负荷削减和水生态净化系统。

（4）提出了“面向环境水体功能达标、全面控制、深度治理”的南方地区综合型、农业型、工业型和旅游型小城镇的水污染控制模式。

该成果已在苏南地区多个小城镇开展了试点应用研究，效果良好。具体内容包括：

（1）农村污水处理及氮磷削减技术试点应用，采用塔式蚯蚓生态滤池技术处理农村生活污水，在常州市武进区洛阳镇、雪堰镇、礼嘉镇等进行了应用。

（2）以新型纳米复合树脂强化吸附分离为核心的电镀废水深度处理新技术，在常州泰瑞美电镀科技有限公司进行试点应用。

（3）小城镇静脉河道污染负荷削减集成技术，在常州市武进区红旗河进行了应用。

（4）腐殖质滤池（HF 工艺）技术，在江苏扬中市新坝镇华威村进行应用。

该项目采用系统、完整的水污染控制方法和技术，构建了适合于南方地区小城镇全过程的水污染控制集成技术体系，建立了南方地区小城镇水污染控制模式，建立了小城镇区域污染负荷减源、调控和修复等综合效益的定量分析模型，为南方地区小城镇水污染控制和水体生态修复提供重要的技术支撑和示范推广作用。随着技术成果的推广应用，能够有效地减少污染源，降低小城镇排入河湖的污染物量，减少污染物向下游输移和向周边扩散，改善河湖水体功能和生态环境，改善南方地区小城镇生态环境，产生重大的经济、社会和环境效益。

主要完成单位：南京水利科学研究院、南京大学、扬州大学

主要完成人员：孙金华、潘丙才、颜志俊、柏益尧、王会容、吴军、朱乾德、张纬铭、陆海明、孙平、赵海涛、罗兴章、封克、华新、孙林云等

单位地址：江苏省南京市广州路223号　　邮政编码：210029

联系人：沙海飞　　联系电话：13915975513

传真：025-83722439　　电子信箱：hfsha@nhri.cn

成果名称：华北地区的生态水文变化及水资源管理对策
任务来源：水利部公益性行业科研专项经费项目
计划编号：200801012

该项目的主要内容：

（1）分析了海河流域生态水文演变过程及其内在机理，分别针对山区径流形成区及平原农业区建立了分布式生态水文模型。

（2）模拟并分析了海河流域重要水源地（密云水库、潘家口水库、官厅水库），以及华北平原典型灌区（山东位山灌区）过去50年的生态水文变化，并定量评估了气候变化和人类活动对生态水文的影响。

（3）建立了多模式集合预报的降尺度方法，预估了未来气候情景下的密云水库、潘家口水库、官厅水库的入库水量变化，以及位山灌区灌溉需水量及粮食产量的变化。

（4）建立了海河流域脆弱性和可持续性评价的理论体系，并定量评估了气候变化条件下海河流域水资源脆弱性与可持续性。

（5）建立了海河流域水资源—社会经济—生态环境的整体分析模型，通过情景分析提出了应对海河流域生态水文变化的水资源管理对策建议。

该项目成果的关键技术或创新点：

（1）分析了海河流域生态水文演变过程，揭示其内在机理，并分别建立了适用于山区和平原灌区的生态水文模型，为生态水文研究及流域水资源规划提供了技术支持。

（2）建立了多模式集合预报的统计降尺度方法，建立了流域水资源—社会经济—生态环境整体分析模型，用于研究不同经济发展模式和产业布局下的水资源优化配置方案，为研究未来气候情景下的生态水文变化提供了数据基础。

（3）初步建立了水资源脆弱性和可持续性评价的理论体系，为实现流域水资源的可持续利用提供了理论指导。

该项目可定量评估未来气候情况下海河流域的水资源形势，为制定流域宏观产业政策和实施区域经济规划提供重要依据。同时，研究对未来水文气象要素时空变化及极端气候现象发生频率的认识，对采取相应的工程措施（水库等）具有指导意义。该成果已在山东省位山引黄灌区得到了初步应用。

气候变化和人类活动的影响越来越剧烈，由此引起了流域生态水文的变化，这个变化在中国北方流域尤为突出，因此，研究气候变化和人类活动影响下的流域生态水文响应，对于水资源评价、规划及配置具有重要意义。

主要完成单位：清华大学、中国水利水电科学研究院、中国气象科学研究院、中国科学院农业资源研究中心

主要完成人员：杨大文、杨汉波、赵建世、雷慧闽、贾仰文、牛存稳、康红文、谷湘潜、沈彦俊、袁再建

单位地址：北京市海淀区清华园1号　　**邮政编码**：100084

联系人：杨汉波　　**联系电话**：15710091051

传真：010-62796971　　**电子信箱**：yanghanbo@tsinghua.edu.cn

成果名称：赤水河流域生态补偿技术研究

任务来源：水利部公益性行业科研专项经费项目

计划编号：200901012

该项目以长江上游梯级水电开发和生态保护问题为背景，选取长江上游支流中干流唯一没有水电开发的河流——赤水河为研究对象，以赤水河流域水资源和珍稀特有鱼类保护为目标，围绕建立国家和跨省的流域生态补偿机制展开研究。

该项目的主要成果和创新点：

（1）全面调查了赤水河流域的水资源、鱼类资源、社会经济和生态环境状况，辨析了赤水河流域生态环境保护与社会经济发展的影响制约关系，提出了流域各地区适合生态保护要求的产业布局调整方案和社会经济发展模式。

（2）对赤水河流域生态功能进行了区划，考虑生态系统地带性分异规律、生态系统类型及服务功能区域差异和经济社会发展程度，将赤水河流域划分为 3 个生态区、6 个生态亚区、7 个生态功能区；并从产品服务、调节功能、文化功能和生命支持功能等方面对流域生态服务功能价值做了定量化的评估。

（3）从重大水工程生态补偿、跨省界水质保护生态补偿、水源区保护生态补偿、生态功能区保护生态补偿 4 个方面提出了流域建立生态补偿机制的初步框架。

（4）设计了赤水河流域生态补偿机制，明确了流域生态补偿的主要类型和尺度范围，界定了补偿主客体，并提出了补偿标准和适合的补偿方式；提出了适合赤水河流域的国家或跨省级行政区的生态补偿管理体制和协商机制，从生态补偿的政策法规、资金来源等方面提出了赤水河生态补偿的保障措施。

该研究为推动赤水河流域综合管理，建立国家和跨省的生态补偿机制和协调机制提供了思路参考和技术支持。项目研究成果已经应用于《赤水河流域综合规划》中的“流域综合管理”和“生态补偿机制”内容的编制，对赤水河流域水资源综合管理和生态环境保护起到了很好的促进作用，也能为其他流域的生态补偿提供思路和技术参考，推广应用前景广阔。

主要完成单位： 长江水利委员会长江科学院、长江勘测规划设计研究院、长江流域水资源保护科学研究所、中国科学院水生生物研究所

主要完成人员： 黄薇、尹正杰、唐纯喜、王波、李浩、陈明华、高欣、肖彩、常福宣、殷大聪、洪晓峰、张玻华、霍军军

单位地址： 湖北省武汉市江岸区黄浦大街 23 号　　**邮政编码：** 430010

联系人： 尹正杰　　**联系电话：** 027-82926393

传真： 027-82927557　　**电子信箱：** yinzj@mail.crsri.cn

成果名称：岷江流域水电开发的生态影响及修复研究

任务来源：水利部公益性行业科研专项经费项目

计划编号：200801132

该项目的主要内容：

（1）岷江流域水电站建设环境影响评价：从水电站建设与生态环境影响系统调查和水电站建设对生态环境的敏感问题的典型案例两个层次开展了研究工作，切入点包含：河流梯级电站开发生态环境影响评价；水文调节变化对生态的影响评价；河流湖库化对水质的影响评价。

（2）岷江流域河流健康状况调研与评估：通过河流物理—化学状况（反映了河流水流和水质变化、河势变化、土地使用情况和岸边结构）、生物栖息地质量状况、水文条件变化及影响等几个方面展开调研进行了河流健康状况评价。

（3）河流生态修复技术措施应用调查与筛选：通过查阅国内外河流生态修复资料和研究成果，对目前应该比较广泛的各种生态修复技术措施的应用效果进行调查和对比分析，筛选出了用于河流生态修复的技术措施，并对其进行改进和试验，形成河流生态修复技术措施体系。

（4）生态环境友好型水电工程建设技术方案：对生态环境友好型水电工程建设的关键技术进行方案论证，解决生态环境友好型水电工程建设的关键问题和形成技术方案，为生态环境友好型水电工程建设提供技术支持和保障措施。

该项目成果的关键技术如下：

（1）明确提出了岷江上游水电开发的生态评价指标体系，具有同类行业的前瞻性。

（2）采用水质理化参数、生物指标、河流形态结构、河流水文特征以及河岸带状况等5类指标，提出了山区河流健康状况评估方法。

（3）提出了在已建水电站（引水式）的冲砂闸设置非闭合理念，并进行了保证基本生态流量的最低开度，为岷江上游水生态环境治理决策提供了有力的可操作性依据。

该项目成果已经应用于茂县弃渣岸坡的生态修复、已建引水式水电站生态需水设计、减水段河流健康评价、生态水电工程建设等方面，具有良好的科学性和合理性，应用效果良好，促进了岷江流域生态环境改善的步伐和水资源的可持续发展利用，应用前景广阔。

该项目的效益着重于社会和环境效益：岷江流域水电开发的生态环境问题越来越受到社会各界的广泛关注，如植被破坏、人为水土流失增加、水量减少、截流断流等突出生态环境问题，通过研究，明确了水电开发带来的生态环境影响，提出岷江上游处于河流病态的理念，通过生态修复技术措施和管理机制，减少流域水土流失，维护河流生态健康，最大限度减少水电开发带来的负面影响，确保岷江上游流域国民经济的持续发展，将会带来显著的社会效益和经济效益。

主要完成单位：四川省水利科学研究院、中国科学院水利部成都山地灾害与环境研究所、四川省水文水资源勘测局、四川省水土保持局

主要完成人员：何孟、何荣智、曾康、彭立、苏春江、卢喜平、刘双美、刘伟、胡道科、曾成礼、张茂德、马运革、熊明彪、胡恒、刘和蓉

单位地址：四川省成都市牧电路7号　**邮政编码**：610072

联系人：何孟　**联系电话**：13541360501

传真：028-87321370　**电子信箱**：mjstxf@126.com

成果名称： 石羊河流域基于生态的水资源调控模式研究

任务来源： 水利部公益性行业科研专项经费项目

计划编号： 200801104

该项目主要内容：

（1）深入研究了石羊河流域水资源形成及转化规律。建立了流域月径流的分布式人工神经网络模型、中游武威盆地地表水—地下水转化半分布式概念性模型、下游民勤绿洲地下水数值模拟模型，为综合分析评价石羊河流域水资源动态提供了有效的方法，初步形成了石羊河流域面向生态的水资源优化配置与高效利用技术体系。

（2）石羊河流域生态需水规律与生态价值估算研究。开展了2种沙生植物、3种防风固沙植物、2种主要作物（春小麦、夏玉米）、5种大田经济作物、2种温室作物（辣椒、番茄）及2种果园不同种植模式及灌水技术下的耗水试验研究，获得了主要沙生植物及作物耗水试验数据6000多组，为石羊河流域发展节水高效农业提供了理论基础及技术支撑；提出了受破坏的非完全覆盖的天然植被生态需水的新计算方法，计算获得了石羊河流域不同水文年型下不同盖度植被类型（乔、灌、草）的植被适宜生态需水定额和最小生态需水定额。

（3）石羊河流域基于生态健康的水资源优化配置与高效利用模式研究。建立了基于公平和高效的多目标优化水资源分配模型；对武威市水资源承载力的系统动力学（SD）模型进行了完善，并通过SD模型模拟计算了各规划年研究区可承载的水浇地灌溉面积及社会经济与生态规模；考虑石羊河流域水资源多次转化的特点，建立了基于生态健康和水转化模拟的水资源合理配置模型；开发了石羊河流域基于GIS的水资源管理决策支持系统。

该项目以流域生态环境向良性循环转化为目标，深入研究脆弱生态环境条件下的水资源优化配置和高效利用技术。采用试验研究、野外调研等传统手段与GIS、RS、GPS等现代信息技术结合，全面、系统、深入研究了石羊河流域水资源形成与转化规律、石羊河流域生态需水规律与生态价值估算方法，并以此为基础研究提出了石羊河流域基于生态健康的水资源优化配置与高效利用模式。

该项目相关成果已在武威市凉州区得到推广应用，面积达7200亩。研究的温室蔬菜节水调质灌水技术、马铃薯膜下滴灌技术、西红柿甜瓜滴灌技术、葡萄滴灌技术等可以在整个石羊河流域进一步大面积推广应用；项目研究取得的一些科学数据，如大田与温室作物及天然植被需水量等可以为石羊河流域作物种植结构调整、水资源优化配置等提供参考；研发的“基于GIS的石羊河流域水资源管理决策支持系统”可以为石羊河流域管理局、武威市水利局进行流域水资源管理提供决策支持。

主要完成单位： 中国农业大学、西北农林科技大学、甘肃省水利厅石羊河流域管理局、甘肃省武威市水利科学研究所

主要完成人员： 王凤新、康绍忠、冯绍元、黄冠华、唐泽军、刘海军、杜太生、霍再林、佟玲、王素芬、粟晓玲、沈清林、董平国、曾勰婷、蒋静

单 位 地 址： 北京市海淀区清华东路17号　　**邮政编码：** 100083

联 系 人： 霍再林　　**联系电话：** 010-62736762

传 真： 010-62736762　　**电子信箱：** huozl@163.com

成果名称：村镇生活污水微动力生物生态治理示范研究

任务来源：水利部公益性行业科研专项经费项目

计划编号：200801100

该项目对固定化微生物、曝气增氧、人工湿地、水生植物等技术进行了系统研究。在固定化微生物技术方面，成功分离出高效微生物菌剂，并筛选出适宜的多孔生物填料，研发出微生物固定化技术；在曝气增氧技术方面，研发出射流曝气专用喷头，提出了低强度微孔曝气手段；在人工湿地技术方面，筛选出了最佳的人工湿地填料种类及组合方式，以及不同基质条件下的人工湿地优势植物种类，研究了人工湿地不同填料结构、湿地形式、曝气方式、污染负荷对污染物去除效果的影响，提出了多组分填料结构和水流扰动调控、反冲洗和冰盖保温等多项新型湿地技术；在植物处理技术方面，筛选出了水质净化能力强的水生植物及其植物组合方式，建立了水生植物对 COD、TN、TP 的降解机制模型。

在上述关键技术研究基础上，将沉砂拦污、固定化微生物、太阳能曝气增氧、人工湿地等技术进行优化集成，构建出一个高效的链式生物生态净化系统，实现了各技术的优势互补和协同作用，并在蓟县刘相营建成示范工程处理能力为 4000m^3/d，研究了集成技术对生活污水中 COD、TN、TP 等主要污染物的降解效果和经济技术指标，出水主要水质指标达到了 GB 18918—2002 一级 A 标准。

该项目取得了以下多项自主创新和集成创新：①高效优势菌与固定化微生物技术有机结合，有效减少了微生物流失，降低了能耗；②低强度微孔曝气技术与太阳能技术有机结合，最大限度地降低了污水处理过程中的能耗，避免了不可再生能源消耗；③研发出了水流扰动调控、反冲洗和冰盖保温等多项新型湿地技术，攻克了湿地工程需间歇运行、易堵塞的难题，实现了湿地在北方冬季的连续稳定运行；④通过物理沉降、固定化微生物、太阳能曝气增氧、人工湿地等关键技术优化集成，实现了多技术优势互补和协同净化作用，显著提高了系统的去污效果和稳定性；⑤处理系统地表建成生态公园，实现环境效益与生态景观效益的有机统一。

该项目研究成果已在天津市宝坻区尔王庄、空港经济区、静海县十里堡村、上海市徐汇区等地得到应用。

该项目研发的多级链式的微动力生物生态污水处理系统，综合利用了物理作用、微生物作用及湿地生态措施处理生活污水，具有水处理效果好、投资低、能耗小、运行费用低、管理维护方便等优势，将污水处理和新农村景观建设、生态修复有机结合，可在北方地区乃至全国广大农村地区和小城镇生活污水处理中广泛推广和应用。

该项目集成技术的水处理建设成本为 1125 元/m^3，与国内现有常规工艺相比，建设投资节省 43.8% ～ 55%。水处理运行成本 0.15 元/m^3，不到常规二级污水处理工艺运行成本的 30%。示范工程出水 COD 稳定在 30mg/L 以下，TN 稳定在 0.82 ～ 1.4mg/L 之间，TP 稳定在 0.04 ～ 0.24mg/L 之间，对 COD、TN、TP 的去除率分别达到 84.53% ～ 96.74%、90.08% ～ 98.68%、95.4% ～ 99.59%，具有建设投资低、运行费用省、出水水质好、维护简单、运行管理方便的优点，在村镇生活污水处理领域有着广阔的推广应用前景，经济、社会、环境效益显著。

主要完成单位：天津市水利科学研究院

主要完成人员：李金中、刘学功、阚兴起、李学菊、张振、任必穷、江浩、刘波、吴涛、杨洁、汪长余、史庆生

单位地址：天津市河西区友谊路 60 号　　邮政编码：300060

联系人：张洪贵　　联系电话：022-28352732

传真：022-28352732　　电子信箱：tuandui1975@126.com

成果名称：水源涵养型城市生态下垫面构建技术集成与示范

任务来源：水利部公益性行业科研专项经费项目

计划编号：200801108

该项目主要内容包括以下六个方面：①水源涵养型城市植被配置技术研究与示范；②水源涵养型城市建筑屋面构建技术研究与示范；③水源涵养型城市铺装地面建设技术研究与示范；④城市机动车道雨水清洁排放与利用技术研究与示范；⑤城市立交桥区雨水利用与积水防控技术研究与示范；⑥水源涵养型城市排水系统构建技术研究与示范。

应用技术研究成果包括：遴选出适合于北京地区绿化地使用的水源涵养型植物类型及搭配模式；开拓了水源涵养型城市植被配置的"下凹式绿地系统"构建原理及模式；提出了雨养型绿化屋顶构建技术和典型模式；开发了绿化屋顶径流和蒸散发定量计算模型；建立了水源涵养型透水地面构建技术体系；系统总结了城市机动车道径流水质特性；提出了城市机动车道雨水利用与清洁排放技术体系；提出了城市立交桥区雨水利用基本模式；提出了城市立交桥区积水防控的措施体系；提出了生态、安全的水源涵养型城市排水系统构建技术模式；基于水文、水力模型的联合应用，提出了水源涵养型城市河湖的构建模式；建设了水源涵养型城市生态下垫面示范区。

示范应用成果：建成试验、示范工程共10处，广安门立交桥雨水泵站、首都机场高速路滑行东桥雨水应急泵站、雨养型绿化屋顶示范区、中山公园综合雨水利用试验基地及示范点、大兴茉莉公馆水源涵养植物配置示范区、景山公园水源涵养植物配置技术示范工程、陶然亭公园水源涵养植物配置技术示范工程、玉泉村水源涵养排水系统示范工程、颐北家苑水源涵养型城市小区示范工程及水科所试验示范基地。

该项目主要创新点：①构建了屋面—绿地—硬化地面—排水管网—河网水系五位一体控制和利用城市雨洪、消减面源污染、增加入渗涵养水源的技术体系；②建立了水源涵养型城市植被配置技术；③建立了雨养型城市屋顶绿化技术，探索了绿化屋顶的蒸散发和产流规律；④创建了城市机动车道雨水的处理利用与清洁排放技术体系；⑤建立了立交桥区雨水利用与积水防治的技术体系；⑥形成了渗、蓄、用、滞、调、排相结合的水源涵养型城市排水技术体系。

该项目采用直接参与工程设计和建设的形式将该研究成果在示范工程中进行了应用，范围主要包括市政工程设施、公园、居民小区、高校等，尤其对城市立交桥区积滞水的原因进行了分析并提出解决措施。该项目在不同城市区域累计推广水源涵养型下垫面技术面积约100hm^2，其中，透水铺装地面15万m^2。应用区域内的降雨径流和外排水量明显减少，增加了对土壤水和地下水的补给，改善了局地小气候和人居环境。取得了良好的社会、环境和经济效益。

主要完成单位：北京市水科学技术研究院、北京中水新华国际工程咨询公司、北京市市政工程设计研究总院、清华大学

主要完成人员：李其军、王理许、陈建刚、张书函、孔刚、李灵军、孟莹莹、邵辉煌、倪广恒、王海潮、龚应安、尤洋、赵飞、苏东彬、潘艳艳

单位地址：北京市海淀区车公庄西路21号　　邮政编码：100048

联系人：张书函　　联系电话：010-68450604

传真：010-88423808　　电子信箱：bjzhangshuhan@126.com

成果名称：污染河道、湖库底泥重金属稳定化技术研究

任务来源：水利部公益性行业科研专项经费项目

计划编号：200801065

该项目通过室内试验、模型试验和现场中试研究形成一套对污染河道、湖库疏浚底泥的处理、处置和资源化利用技术。

该项目成果的关键技术或创新点：

（1）提出防止二次污染功能的堆场重金属污染控制技术，有效地控制重金属等污染物在吹填后向周围环境的迁移，减少了环境风险，可以广泛地应用于类似的污染底泥的堆场的设计中。

（2）研发了重金属污染底泥的钝化材料和处理工艺，用于将重金属底泥无害化处理。该材料的研制和处理工艺的开发，可以广泛地应用于将堆场的污染底泥快速处理和无害化，并且能够应用到处理其他类型的重金属污染固体废弃物。

（3）针对底泥强度低，不适合作为回填土等用土的特点，开发出将重金属污染底泥处理为回填用土的材料和工艺，将污染底泥处理为回填土、建筑用土等材料，可大量解决污染底泥的占地问题，具有广泛的用途和产业化前景。

（4）提出了防止二次污染的污染底泥堆场的设计方法、制定了污染底泥堆场的处理监测标准，为污染底泥的处理提供了相应的方法和检测标准。

该项目结合东莞9库联网水库底泥清淤工程，开展中试研究，在现场进行钝化处理试验，明确施工设备和工艺的适用性；在现场开展渗透、淋滤和环境影响方面的试验。底泥重金属钝化技术和底泥处理后资源化利用技术已经在东莞莲花山水库、东引运河（职教城段）得到了应用，共处理底泥量32.65万m^3，处理后的底泥达到了无害化的标准，并且被用作回填土和筑坝用土，达到了资源化利用的效果，具有推广应用前景。

通过该项目的实施，能够很好地解决重金属的环境污染问题，对于和谐社会的构建将产生积极的推动作用。另外通过将废弃的污泥和淤泥进行处理实现资源的再生利用，符合当前建设节约型社会的需要。

主要完成单位：中水珠江规划勘测设计有限公司

主要完成人员：季冰、朱伟、谢江松、肖许沐、包建平、张春雷、黎忠、孙浩、王丽影、汪顺才、李磊、董婵等

单位地址：广东省广州市天寿路105号天寿大厦911室　**邮政编码：**510610

联系人：王丽影　**联系电话：**020-87117578

传真：020-87117930　**电子信箱：**jyy2005@126.com

成果名称：城市水源地生态治理技术
任务来源：水利部科技推广计划项目
计划编号：TG1046

该项目在长春市石头口门和新立城水库推广芦苇湿地生态系统净化污水技术，推广应用面积 $2500hm^2$。利用芦苇湿地生态系统的物理、化学、生物作用，净化去除污水中氮、磷及有毒有害物质含量，使入库面源污水先经过芦苇湿地净化再排入水库，降低了入库面源污染水质中氮、磷含量，同时促使生态环境逐步改善，提高水库蓄水能力，对确保长春市城市饮用水水质、水量安全具有重要意义。

该项目在石头口门水库湿地原有建设基础上，在水库水位变化区修建壅水坝2座，围堤20.2km，新增建芦苇湿地 $800hm^2$，使湿地总规模扩大到了 $2000hm^2$，建成了芦苇湿地示范基地。使入库面源污染负荷经芦苇湿地的净化作用进行有效的削减后再排入水库，达到水质逐步改善的目标。结合石头口门水库库区及上游入库口处17个采样点的监测结果表明：芦苇湿地有效去除了水库来水中的氮磷等污染质，使入库水质得到明显改善，在秋季通过芦苇收割移出芦苇 $7300kg/hm^2$，通过芦苇收割实现了去除水体中的总氮94.9t，总磷17.03t。通过对水库周边生态环境的调查，结果表明：水库周边植被结构、绿化程度、空气质量得到改善，野生动物种类和数量有所增加。

通过该项目的实施，在使水库来水得到有效净化，确保水库水体质量的基础上，同时项目本身也产生了较大的社会、生态效益。

此外，该项目将芦苇湿地净化污水技术推广应用于新立城水库，新建芦苇湿地 $500hm^2$，推进了该技术的应用进一步熟化，使配套措施更加完善。

在石头口门水库和新立城水库推广应用芦苇湿地净化污水技术，不仅有效去除了水体中的污染物质，使水体质量得到改善，同时显著提升了水库周边的生态环境质量，发挥了治理水源地面源污染和改善水生态环境的重要作用，并使芦苇湿地系统净化污水技术进一步熟化，措施更加完善，形成多维的水源地生态治理模式和技术成果，为在其他水源地推广应用奠定了基础，同时芦苇湿地净化污水技术的推广应用对于确保城市供水的水质水量安全具有重要意义，具有广阔的应用前景。

主要完成单位：吉林省长春市石头口门水库管理局
主要完成人员：邴海英、曹雪松、盛利辉、董显纯、卢文喜、赵翌然
单位地址：吉林省长春市石头口门水库　　邮政编码：130000
联系人：董显纯　　联系电话：18943658567
传真：0431-82480854　　电子信箱：474545556@qq.com

成果名称：流式细胞摄像系统在水生态监测中的应用技术研究

任务来源：水利部“948”计划项目

计划编号：201001

该项目针对我国藻类水华发生日趋严重、传统水生态监测方法相对落后的现状，引进美国“流式细胞摄像系统”（FlowCAM），经消化吸收和研究创新，确定了FlowCAM合适的使用边界条件及部分水华藻类的光学特征鉴定标准，研究了浮游生物的粒径组成及密度，建立了适合水生态监测的浮游生物流式细胞摄像监测系统技术流程及运行管理方案，为推广应用奠定了较好基础。

该项目成果分别在三峡水库和汤浦水库进行了测试与应用，可达到对取样藻类（在1小时内）进行快速鉴定和计数的目的，而采用完成常规光学显微镜计数方法需要在2天左右（水样的浓缩、纯化、固定需要24～48h）的工作量；可实现藻类水华监测的快速化、自动化及信息化。该成果在藻类水华监测预警中具有很好的推广价值。

流式细胞摄像系统监测目标明确、监测范围广泛、监测数据准确，有助于及时、有效监测与评估水生态系统健康状况，为水资源管理和保护部门及时做出正确决策提供科学依据，满足水资源管理与水生态保护工作的需要，保障生态安全，社会效益显著。

主要完成单位：水利部中国科学院水工程生态研究所

主要完成人员：胡菊香、赵先富、沈强、马沛明、刘晖、高少波、张俊芳、李聃、陈明秀、朱爱民、米玮洁、池仕运、郑金秀、陈威、陈胜

单位地址：湖北省武汉市雄楚大街578号　　邮政编码：430079

联系人：张原圆　　联系电话：027-87188175

传真：027-87189622　　电子信箱：zhangyy@mail.ihe.ac.cn

成果名称：法国河流水质硅藻生物监测与评价技术及Omnidia模型
任务来源：水利部“948”计划项目
计划编号：201007

该项目针对珠江流域水环境特点，引进了法国的硅藻生物监测与评价技术及Omnidia模型。该模型是法国30多年硅藻生物监测结果的数据库，能够自动计算多个硅藻指标，实现硅藻生态类型自动划分、敏感指数的赋值、污染物的指示以及硅藻监测生态学意义的解释，并且具有数据查询和管理功能，所引进的模型整体功能和技术指标均达到任务书要求。

该项目对引进的模型进行了消化吸收，并选择流溪河、绥江、广州水道、东江、漓江作为示范区，同步进行水质及硅藻生物监测，比较了示范区河流水质物化与硅藻监测与评价结果，评估了硅藻评价指标、评价等级及其生态学意义在珠江流域的适用性，提出了珠江流域河流硅藻生物监测技术方法，编制了硅藻监测技术指南。为了促进硅藻生物监测技术在珠江流域的推广应用，该项目编写了示范区常见硅藻名录与检索表和示范区常见硅藻显微照片图谱，提出了珠江流域硅藻指数构建方法。

该项目成果已在北江、东江、郁江和桂江等的硅藻生物监测工作中得到了实际应用，取得了较好的生态与环境效益。该项目在对引进技术进行吸收转化的基础上，提出了涵盖采样断面布设、采样、样品处理、显微镜检、数据处理等各项内容的一整套技术体系，具有良好的推广前景。

主要完成单位：珠江流域水资源保护局
主要完成人员：刘威、王旭涛、吴亚帝、刘新媛、闻平、吴世良、黄少峰、黄迎艳、胡小冬
单位地址：广东省广州市天寿路80号　　邮政编码：510610
联系人：王旭涛　　联系电话：020-87117393
传真：020-87117583　　电子信箱：awuhu@126.com

成果名称：藻类在线水体生态毒性监测系统

任务来源：水利部“948”计划项目

计划编号：200902

该项目引进了德国BBE公司藻类在线水体生态毒性监测系统（A-TOX）设备与技术，在消化与吸收的基础上，开展了几种重金属离子（Hg^{2+}、Cu^{2+}、Cd^{2+}、Zn^{2+}）、农药（敌草隆、阿特拉津）对蛋白核小球藻、莱茵衣藻、斜生栅藻等的室内毒性实验，进行了藻类毒理、藻类光合反应信号检测与分析、水体生态毒性评价方法等方面的研究。获得主要成果如下：

（1）A-TOX在重金属毒性监测上较传统毒性实验敏感度较低，但在农药毒性检测方面表现出了较好的敏感性。

（2）筛选出了针对不同污染物较为敏感的测试藻类。对于重金属离子而言，蛋白核小球藻最为敏感；对于农药而言，莱茵衣藻、蛋白核小球藻比较敏感。

（3）获得了几种污染物在较短时间（0.5h、1h、2h）内对三种藻的毒性效应，检测结果具有良好的重现性，建立了敏感藻类光合抑制率与不同污染物、不同污染水平间的关系。

（4）基于不同污染物对3种绿藻的毒性研究结果，提出了藻类在线水体生态毒性监测系统预警设置建议。选用蛋白核小球藻为测试藻，系统测量间隔时间为0.5h，系统报警值分别为：短时间范围内报警值为4%、长时间范围内报警值为2%。

（5）建立了藻类在线水体生态毒性监测系统的水体生态毒性评价方法与标准。

（6）编写了藻类在线水体生态毒性监测系统的运行管理方案。

项目成果已在三峡水库进行了示范应用，未发现误警信号，运行效果良好。藻类在线生态毒性监测系统在水体生态毒性、水体叶绿素含量的原位在线监测中具有独特优势。该项目成果对丰富和完善我国水环境监测预警技术方法、手段起到了促进作用。在饮用水水源地、重要水功能区的水环境在线监测方面具有广阔的推广应用前景，在及时预防水环境污染事故、保障饮用水和水生态安全方面将产生重大的经济社会效益。

主要完成单位：水利部中国科学院水工程生态研究所

主要完成人员：万成炎、陈小娟、潘晓洁、常剑波、李明、邹曦、邹怡、丁庆秋、胡莲、彭建华、吴生桂、马沛明、郑志伟

单位地址：湖北省武汉市洪山区雄楚大街587号　**邮政编码**：430079

联系人：陈小娟　**联系电话**：027-87182873

传真：027-87189622　**电子信箱**：chenxiaojuan@mail.ihe.ac.cn

成果名称：藻类监测分析系统及超声波除藻设备
任务来源：水利部“948”计划项目
计划编号：201014

通过引进德国藻类分类监测分析系统和比利时超声波除藻技术及设备，对引进设备进行了详细的技术工艺分析和试验应用研究，开发了与监测设备配套的藻类在线数据采集、传输和分析系统，结合我国河湖水藻特点，研制了复频超声波除藻设备样机2台，样机性能稳定、实验室治藻类效果良好，获得了国家实用新型专利1项（复频超声波除藻技术及设备，专利号ZL201120248720.1），并申请了国家发明专利1项。

该项目的创新性为：

（1）建立了实时快速藻类分类测量系统。

（2）研制出具有无二次污染的复频超声波除藻新设备。

（3）实验确定出超声波除藻设备对水生动植物生长无影响。

该项目基于激光诱导荧光技术的藻类分类在线测量原理和方法，建立的荧光指纹谱对于藻在测量中的分类及细分研究具有开拓性，为水体中藻的研究提供技术保障；提出的无二次污染的除藻技术，为水环境治理研究提供新的技术并对交叉学科研究具有启发性。

该项目成果在广东省东风水库和江苏省梅梁湖进行了示范应用，取得了有效的监测数据和治理效果。藻类实施快速监测技术和方法，相对传统的取样化验测量方法可以节约人力物力，同时也为主管部门应对突发性藻爆发水污染事件做出最快的科学决策提供依据；研制出的复频超声波除藻技术，相对于传统的化学法、物理法、生物法，既大大节约人工打捞等耗费的资金，也保护了水体环境，该成果具有明显的社会经济环境效益。

目前我国70%的湖泊呈现富营养化，大部分水库、湖泊、景观水体均可能爆发藻类。该项目引进及开发的快速藻类监测系统可以实时快速监测藻类变化。自行研制的复频超声波除藻设备具有使用方便、无二次污染、成本低、性价比高等优点，将会在藻类治理方面得到广泛应用，有非常广阔的市场前景。

主要完成单位：南京水利水文自动化研究所
主要完成人员：周克明、胡建文、李聂贵、杜文印、吕爱琴、徐国龙、储华平、沈顺中、尤征懿、罗福亮、孔俊文、李家群、魏广、陆纬、陈红
单位地址：江苏省南京市雨花台区铁心桥街95号　　邮政编码：210012
联系人：陈敏　　联系电话：025-52898316
传真：025-52898315　　电子信箱：chenmin@nsy.com.cn

成果名称：改善水环境的微纳米气泡发生装置
任务来源：水利部科技推广计划项目
计划编号：TG1063

河湖水质恶化的主要原因是由于水体中存在大量的污染物，导致水体耗氧量远大于自然复氧量，溶解氧浓度降低，水体处于严重缺氧（或厌氧）状态，使整个生态系统出现危机。而水体曝气可加速水体复氧过程，提高水体的溶解氧水平，恢复和增强水体中好氧微生物的活力，从而恢复河道的生态环境，增强河湖的自净能力，有效改善水体的水质。因此，对于日益严重的河道污染问题，河道曝气技术作为一种投资少、见效快的河流污染治理技术在很多国家被采用。

该项目针对现有水体曝气技术存在能耗较高、曝气效率低、曝气效果难以持久的问题，与本洲（北京）纳米科技有限公司合作，开展微纳米气泡发生装置的应用，分析研究曝气方式和设备参数，进行示范工程的设计、施工，通过工程运行期间的水质监测，分析微纳米曝气技术的水质改善效果，取得成果后为受污染水体特别是黑臭河道的水环境治理提供技术支撑。

该项目针对天津空港经济区景观河道以再生水补给和泵站漏污等污染为主，水体中溶解氧含量极低、水质污染严重的特点，以及宁河县七里海湿地水体以农业面源污染为主，水体中溶解氧含量低，水质变化大的特点，结合天津市空港经济区和七里海湿地水环境保护工程，对微纳米气泡发生装置进行了示范研究，通过项目的现场试验，对试验数据进行了分析，研究了不同水质条件下的曝气增氧及水质改善效果，总结提出了不同处理规模及不同水质条件下的应用技术参数，分析了该技术在河湖水环境治理中推广应用的可行性和市场应用前景。主要成果为：日处理水量分别达到 $2000m^3$ 和 $6000m^3$；曝气后的溶解氧平均值分别达到 8.36mg/L 和 8.74mg/L，水体溶解氧含量显著提高；总氮、COD 指标的去除率分别达到 14.8% 和 12.4%；与常规曝气设备相比，其曝气效率是常规设备的 3.75 倍；项目应用的 B&W 型高速旋回式气液混合微纳米气泡发生装置和常规射流曝气设备相比较，节电 50%，每日可节约电量为 168kW·h，年可节约电量为 61320kW·h，节能效果显著。

该技术在天津市水环境改善工程应用中，通过近一年的工程运行，水体水质改善显著，曝气设备运行稳定；曝气效果较好，作为新一代的高效节能环保技术，该装置结构简单、安装方便、能耗低，运行稳定，应用范围广泛，具有巨大的发展潜力。可应用于：环保行业、水产及农业、水处理产业领域、健康医疗领域、电解领域、船舶领域等。其中在城市污水处理方面，该技术可广泛应用于城市污水处理厂的污水曝气工艺；在城市景观水环境治理领域，通过提高被污染水体的溶解氧，逐步修复城市景观水体的水生态环境；在农业面源污染较严重的沟渠和生活面源污染相对集中区域，可利用生物生态水体修复方法结合该曝气技术进行治理。

主要完成单位：天津市水利科学研究院
主要完成人员：刘学功、江浩、吴涛、杨洁、万瑶、刘京晶、杨树生、任必穷、张凯、李金中
单位地址：天津市河西区友谊路 60 号　　**邮政编码**：300061
联系人：任必穷　　**联系电话**：022-28375295
传真：022-28375294　　**电子信箱**：rbq@tjhri.com

成果名称：富营养化水体水上种植技术规范化中试

任务来源：国家农业科技成果转化资金项目

计划编号：2009GB23320484

该项目以富营养化水体为研究对象，以资源循环利用为手段，借助中试基地建设平台，因时制宜地配置植物，因地制宜地设计制作低成本栽培载体，利用植物组合具有的协同效应治理各类水体污染，在改善和修复水环境的同时获得了农业收益；通过植物—浮岛组合，研究制定的《水上种植技术指南》，为大规模的“水耕农业”生产提供了技术支撑。

该项目取得了以下创新性成果：

（1）通过不同水质和不同植物及适宜浮床之间的正交生产试验，确定了最佳水质改善效果和农业生产效益，大大降低了水上种植技术的成本。

（2）将生物浮岛技术应用于蟹塘污水的治理，拓展了生物浮岛技术的应用领域。

（3）通过农牧对接，并对水上种植植物进行食品安全监测，成功地将植物残体纳入饲料系列。

（4）研究制定并出版了《水上种植技术指南》，建成开通了“水上农业网站”，为大规模的“水耕农业”生产提供了技术支撑。

该项目建立了三个实验示范区，建造水培浮床12000m^2，完成产量25.2万kg，技术服务收入205万元，净利润151万元。开发了二项新工艺，获得实用新型专利3项。该项目成果在改善和修复水环境的同时，获得了良好的农业种植效益，具有良好的经济、社会和生态效益，应用前景广阔。

主要完成单位：长江科学院、湖北大学
主要完成人员：黄薇、李兆华、桑连海、张劲
单位地址：湖北省武汉市黄浦大街23号　　邮政编码：430010
联系人：黄薇　　联系电话：027-82927557
传真：027-82927557　　电子信箱：huangwei@mail.crsri.cn

成果名称：寒冷地区江河生态护岸技术推广

任务来源：水利部科技推广计划项目

计划编号：TG1043

该项目在大庆市防洪工程输水渠道建设了生态护岸示范推广工程，护岸长度4km，护岸工程面积约40000 m²。完成了护岸工程冻胀适应性现场原型观测试验，试验结果为：格宾网垫护岸和铰链式护坡结构具有适应冻胀变形特性，冻胀回复结构完好率平均达99%。选取部分格宾网垫护岸覆土植草，经过一年的试验观测与资料分析，护岸表层植被覆盖率达到70%。

对生态护岸结构示范工程与传统的现浇混凝土板结构护岸工程进行工程造价和后期运行维护费用对比分析，在岸基冻胀破坏或冰压力破坏严重的地区，应用寒区生态护岸技术的工程在主要经济指标方面优势明显，整体结构的造价低于现浇混凝土板27.4%，运行期维护费用低于混凝土板护岸工程62.5%。

寒冷地区江河生态护岸技术已经应用于黑龙江省多个市县的江河、水库、输水渠道等水域的护岸工程建设中，这些生态护岸工程运行安全稳定。在石料丰富的地区，工程造价以及运行维护费用明显低于混凝土板护岸，具有显著的经济效益。

该项目使用的工程材料多为天然材料，护岸结构均适合水生植物、两栖动物的生长，具有显著的生态效益。

主要完成单位：黑龙江省水利科学研究院

主要完成人员：韩雷、张滨、刘群义、张术彬、袁安丽、王宇、左蓓蓓、岳为群、田振华、刘森、李勇士、马金纯

单位地址：黑龙江省哈尔滨市南岗区延兴路78号　　邮政编码：150080

联系人：韩雷　　联系电话：0451-84119007

传　　真：　　电子信箱：hanleity@126.com

成果名称：河道生态建设植物措施应用技术推广

任务来源：水利部科技推广计划项目

计划编号：TG1067

该项目建立了生态河岸、堤坡长度347.29km、面积450.66万m^2；累计推广河道优良植物88种，优良植物群落模式30个；河道岸坡水土流失减少了82%；河流水质明显改善，生物多样性显著增加；节约工程建设投资21840.6万元，节约工程运行管理费759万元／年，产生生态效益5260万元／年，产生社会效益3364万元／年；建立了24个河道生态建设示范工程；累计培训各级技术人员1590人。该项目深入研究了沿海河道植物措施应用技术，提出了3种有效提高沿海河道植物种植成活率辅助技术措施；建立了河道植物措施应用评价指标体系和评价模型，并对推广河道产生的综合效益进行定量评价；编制了“浙江省河道生态建设示范工程考核办法”。

该项目成果的推广应用，大幅度地减少了河道生态工程建设与运行管理投资；有效地稳定了河道岸坡、改善河流水质，提高了河流生物多样性；营建了河流景观，美化了人居环境；通过技术培训和学术研讨交流，培养了一批从事河道建设管理方面的技术人员；该项目建立的示范工程，吸引了全国各地河道建设管理人员参观考察，为全国利用植物措施进行河道生态建设提供了借鉴、学习的样板。

该项目对于改善河道生态环境，维护河流健康，促进“绿色浙江”、“生态浙江”建设，指导全国中小河流治理具有十分重要的意义。生态效益、社会效益和经济效益显著，推广应用前景广阔。

主要完成单位：浙江省河道管理总站、浙江省林业科学研究院、浙江省水利科技推广与发展中心

主要完成人员：陈永明、韩玉玲、岳春雷、李贺鹏、章仁俊、江海洋、陈友吾、洪佳、胡玲、何小龙、张晓勉、周启宏、潘恒、胡献明、汤艳艳

单位地址：浙江省杭州市梅花碑7号　　邮政编码：310009

联系人：韩玉玲　　联系电话：0571－87826644

传真：0571－87827691　　电子信箱：hanyl@zjwater.gov.cn

【四、水利工程建设与管理】

成果名称：水利水电工程三维设计方法引进、研究与推广
任务来源：水利部“948”计划项目
计划编号：200903

项目引进了法国达索系统公司开发的大型高端CAD/CAE/CAM一体化应用软件，具有在全三维可视化环境下，实现概念设计、工业制造设计、三维模型设计、分析计算、动态模拟与仿真、工程图输出到生产加工成产品的全过程设计功能。在消化吸收基础上，结合我国的实际，从提高设计效率，优化设计流程，提高设计信息的共享与复用性等方面考虑，该项目利用CATIA为工具进行三维设计解决了以下几方面的关键技术：

（1）CATIA地质建模关键技术。以三维设计软件CATIA为平台，结合以此平台开发的地质插件工具，摸索出了一套适合于三维地质建模的技术方法。

（2）骨架设计技术。CATIA 骨架设计优势在于总体控制、逻辑关联关系明确、结构清晰、设计修改方便；骨架包含整个工程的关键定位，布置基准；骨架定义各个建筑物间相关的重要尺寸；骨架为专业间协同从模型上做好了准备。在电站总体设计初期就定位从整个电站系统的最高层面上考虑电站的设计，考虑和表达整体电站系统及各个子系统的相对位置关系，自上向下传递设计数据表达，应用这种技术就可更加有目的，规范地进行后续的产品设计。

（3）设计过程模板化技术。应用CATIA所建立的模板具备参数化及按规则变形的能力，可以适应多种设计情况。模板不仅含3D模型，同时包含与之相关的2D图表等，可以轻松的形成出图所需要的二维图，很好地解决了相似设计的重用问题，提高了设计速度，减少了重复性劳动，共享最佳设计方法，提高工作效率。

（4）知识工程技术。应用知识工程技术，可以很好解决相似设计的重用问题，提高设计速度。知识工程能让开发人员把产品的设计知识用知识工程原理表达出来，指导设计人员完成产品创建，并体现最佳的设计实践，达到减少设计失误，实现自动设计，获得最高生产率。

（5）协同设计技术。传统的离线设计方式，需要大量面对面的沟通交流，设计流程复杂，效率和质量得不到保证，为此我们采用了基于PROJECTWISE的在线协同设计方法，使所有设计者都在同一环境下在线工作，设计数据同步且唯一，设计流程清晰简单，不同专业或不同部位设计产品之间能够实现关联，在关联设计环境下，上游某专业产品的变化能够马上为下游专业人员所知道，或三维模型改变后，二维设计图纸能够提出修改警告并自动完成修改，保证了设计效率和质量。

该项目已在黄河古贤水利枢纽工程的三维设计中得到应用，全面提高了设计效率和成果质量，在水利水电工程三维设计领域跨出了重要一步，具有广阔的应用前景。

主要完成单位：黄河勘测规划设计有限公司
主要完成人员：宗志坚、李斌、郭莉莉、郑会春、牛卫华、刘增强、董甲甲、蔺志刚、陈艳国、余军、陶玉波、王陆、王小平、梁春光、宋志宇等
单位地址：河南省郑州市金水路109号　邮政编码：450003
联系人：李斌　联系电话：0371-66020614
传真：0371-66020614　电子信箱：waterpostdoctor@163.com

成果名称：黄河小浪底工程关键技术研究与实践

任务来源：计划外项目

计划编号：

该项目综合考虑小浪底水利枢纽在治黄中重要的战略地位，针对黄河水少沙多、水沙不协调的严峻水文泥沙条件、复杂的工程地质条件和水库运用要求，针对工程建设和运用管理中的关键技术难题，取得了一系列重要研究成果，并在工程建设中得到了成功运用。

该项目成果主要创新点包括：

（1）综合利用水利工程泥沙设计理论，提出了水库长期使用规划和调度方法，并优化水沙运行方式，以减淤和改善下游河道输水能力，解决了黄河下游断流的问题。在枢纽布置方面充分利用坝前泥沙淤积形成大坝辅助防渗体系；进水口集中布置，以利于排沙和解决进水口淤积问题。

（2）在地质条件复杂的左岸单薄山体内建造了规模宏大和数量众多的地下洞室群，针对缓倾、软硬相间层状砂页岩的地质特点，首次采用双圈缠绕无黏结后张预应力混凝土作为高压排沙洞衬砌，采用大吨位预应力锚索等技术，成功解决了进出口高边坡、洞室群围岩稳定性等重大关键技术问题。

（3）在多泥沙、高水头条件下，创造性地采用了多级孔板洞内消能技术，将3条大直径导流洞改建为永久泄洪洞，推进了洞内消能技术发展，为特大型水利水电工程导流洞重复利用开辟了一条重要和崭新的途径。

（4）创造性地采用掺气减蚀、高强度硅粉混凝土、高速氧火焰喷涂碳化钨（钴）抗磨保护层等多项新技术，解决了高速含沙水流引起的严重磨蚀问题，保证了多泥沙条件下水工建筑物和水轮机的安全运行。

（5）研发、引进了一系列先进的施工技术，金属结构实现了多项技术创新与突破，如首次在国内采用塔带机和DOKA系列模板进行混凝土浇筑，深孔弧门等，推动了我国水利水电工程施工技术的发展和进步。

（6）工程建设管理全面与国际惯例接轨，成功引进FIDIC合同条款等先进管理方式和理念，形成了具有中国特色的大型水利水电国际工程建设管理模式。

小浪底水利枢纽是世界坝工史上最具挑战性的工程之一。该项目研究成果的应用，为工程的成功建设和安全运行发挥了重要支撑作用，具有重大的社会经济效益，对多泥沙河流“高坝大库”的建设具有重要的指导作用。

该项目成果已通过水利部国际合作与科技司组织的科技成果鉴定，成果总体达到国际领先水平。

主要完成单位：水利部小浪底水利枢纽建设管理局、黄河勘测规划设计有限公司、中国水利水电科学研究院、黄河水利科学研究院、南京水利科学研究院、天津大学、华北水利水电学院、中国水利水电第十四工程局有限公司、中国水利水电第三工程局有限公司、中国水利水电第六工程局有限公司、中国水电基础局有限公司、中国水利水电第一工程局有限公司

主要完成人员：殷保合、林秀山、贾金生、王庆明、董德中、刘继祥、张俊华、曹应超、张利新、李治明、杜清平、朱兴旺、薛喜文、周益民、刘海军等

单位地址：河南省郑州市紫荆山路68号　　邮政编码：450000

联系人：杜清平　　联系电话：13937193866

传真：0371-65362129　　电子信箱：Duqingping@xiaolangdi.com.cn

成果名称：大坝混凝土抗震动态抗力和损伤破坏机理研究
任务来源：水利部公益性行业科研专项经费项目
计划编号：200701004

该项目研究工作依托小湾和大岗山高拱坝工程，开展了大坝混凝土全级配大试件静动态试验研究；对试验结果及大坝混凝土的损伤破坏机理进行了数值模拟；应用CT扫描技术研究了混凝土试件内部结构损伤破坏过程。

该项目研究取得的主要成果及创新点如下：

（1）设计出能够进行往复动态加载的弯拉系列装置（湿筛、三级配和四级配混凝土试件）和混凝土类脆性材料静动态直接拉伸全曲线（包括软化段、反复加载）试验装置，并提出了相应的混凝土动态试验方法。

（2）采用声发射技术对混凝土的动态操作过程进行实时监测，发现混凝土在轴拉软化阶段存在应变“Kaiser效应”。

（3）试验发现合适比例的初始静载对全级配混凝土动态弯拉强度提高有利，当超过其上限后变为不利；混凝土材料的损伤具有强度应变率强化与损伤劣化的双面性特性。

（4）提出了投放骨料模型的有限元网络剖分方法。

（5）研制出“便携式与医用CT配套的混凝土专用动力加载设备”；基于CT图像进行了混凝土损伤破坏过程数值模拟。

该项目的全级大坝混凝土动态性能研究成果在小湾工程上得到了应用，为小湾拱坝的抗震设计提供了科学依据。自主研发的完整的分析软件系统已广泛应用在我国主要大坝，汶川大地震后的复核工作（包括小湾、溪洛渡、大岗山、乌东德、锦屏一级、白鹤滩等）。项目成果推广应用前景广阔。

该项目的成果在2010～2012年三年中共完成合同额1590.4万元，取得直接经济效益636.16万元，税收135.18万元。主要成果已被纳入国标的《水工建筑物抗震设计规范》，对我国西部地区高坝大库的抗震安全，提供了有力的技术支撑。

主要完成单位：中国水利水电科学研究院、河海大学、西安理工大学
主要完成人员：陈厚群、吴胜兴、党发宁、马怀发、周继凯、丁卫华、张翠然、沈德建、刘云贺、李同春、涂劲、张燎军、李敏、王立涛、章青等
单位地址：北京市海淀区复兴路甲1号　　邮政编码：100038
联系人：刘盈斐　　联系电话：010-68785857
传真：010-68786006　　电子信箱：yfliu@iwhr.com

成果名称：水工混凝土静动态损伤断裂过程及其声发射特性研究与实践

任务来源：水利部其他计划项目

计划编号：

该项目开展了以下主要研究：混凝土损伤断裂精细化测试系统开发；混凝土试件的损伤断裂试验；断裂过程声发射特性试验研究；声发射参量与起裂、扩展及失稳之间的关系研究；基于声发射的不同混凝土损伤演化关系、动静态断裂韧度转化关系研究；基于塑性损伤理论的断裂有限元线法理论分析及应用研究等。

该项目成果主要创新点：

（1）开发了多功能的混凝土损伤断裂精细化测试系统，具有量程大、精度高、多参数同步采集并输出、实时监控兼有声发射量测等特点。

（2）通过混凝土、钢筋混凝土、碾压混凝土等试件的损伤断裂试验，揭示了强度等级、试件尺寸、缝高比、跨高比、配筋率、钢筋位置、钢筋类型等对不同类型混凝土损伤断裂特性的影响。首次提出了试件尺寸达到一定尺度时，断裂韧度趋于常数的结论。

（3）利用声发射测试技术，建立了声发射参量与混凝土裂缝起裂、扩展、失稳及损伤演化过程关系，解决了起裂点不易确定的难点。通过声发射信号参量与动态荷载下裂缝扩展率的关系，建立了动静态断裂韧度的转化关系式。

（4）提出了基于损伤与断裂力学的有限元线法，可模拟裂缝扩展过程，用于评价裂缝扩展对结构强度的影响。

该项目成果取得了多项创新，并已经应用于四川省武都重力坝与南水北调 PCCP 管道工程建设，取得了显著的社会与经济效益，推广应用前景广阔。

该项目成果已通过水利部国际合作与科技司组织的科技成果鉴定，成果达到了国际领先水平。

主要完成单位：南京水利科学研究院、四川省武都水利水电集团有限责任公司

主要完成人员：胡少伟、陆俊、胡晓、徐波、顾冲时、黄文、范向前、张艳红、赵新铭、米正祥、沈捷、刘涛、钟小青、刘晓鑫

单位地址：江苏省南京市广州路223号　　邮政编码：210029

联系人：贾宁一　　联系电话：025-85828123

传真：025-83722439　　电子信箱：nyjia@nhri.cn

成果名称：高面板坝地震安全评价方法与抗震加固措施研究
任务来源：水利部“948”计划项目
计划编号：200929

该项目结合紫坪铺面板堆石坝工程，以实际震害资料分析为基础，通过筑坝材料动力特性试验、动力分析理论和评价方法研究、振动台模型试验等多方面的研究工作，取得如下主要研究成果：

（1）系统总结了高面板堆石坝地震破坏型式。收集了国内外强震区高面板坝实际震害资料，重点对汶川大地震中紫坪铺面板坝震害情况进行了总结，对大坝的震害特点和破坏现象进行了分析与评价。

（2）完善和发展了高面板坝非线性地震反应和残余变形分析的理论和方法。通过筑坝材料试验和理论分析，完善了复杂应力条件下的非线性本构模型及地震残余变形计算模式，发展了高面板坝多耦合三维非线性地震反应分析的理论和方法，并通过紫坪铺等震害实例进行了验证。

（3）研究了高面板坝动力破损特征和地震破坏机理，建立了极限抗震能力的分析方法。针对紫坪铺震害，通过试验研究和数值分析，复核和评价了大坝的抗震安全性，研究了先期振动的影响，揭示了高面板坝在地震作用下的致灾机理，建立了高土石坝极限抗震能力分析方法。

（4）综合考虑稳定、变形和防渗体安全等因素，建立了高面板坝地震安全评价理论与方法。基于开发的本构模型和非线性动力分析方法，将稳定性评价与变形分析相结合，将单元动力安全度与结构整体动力稳定性评价相结合，建立了基于稳定分析、变形分析和防渗体安全评价的高土石坝抗震安全性评价方法。

（5）总结提出了适用的高面板坝抗震加固措施。本着抗震计算与抗震措施并重的原则，总结完善了高面板堆石坝的抗震措施，包括坝坡及面板防渗体系的抗震防护措施、大坝变形控制措施等。利用大型振动台模型试验，对浆砌石护坡等抗震措施的有效性进行了验证。

（6）发展了原型—模型—数值分析的联合验证技术。以实际震害资料为基础，利用新研制的大型离心机振动台及大型振动台，进行了高土石坝抗震技术的原型—模型—数值分析的联合验证，验证和完善了物理模拟和数值模拟技术。

该项目研究对高面板堆石坝抗震技术的发展和进步起到了很好的推动作用。该研究成果已在《水工建筑物抗震设计规范》等规范修编及紫坪铺工程的灾后重建和除险加固设计中得到应用。其中，针对浆砌石护坡抗震措施有效性的研究成果直接支持了紫坪铺大坝后坝坡加固处理方案，节约工程投资约8000万元，经济效益和社会效益显著，具有推广应用前景。

主要完成单位：中国水利水电科学研究院、水利部水利水电规划设计总院、四川省水利水电勘测设计研究院
主要完成人员：温彦锋、赵剑明、刘小生、陈宁、刘启旺、关志诚、高希章、杨志宏、王宏、杨正权、杨玉生、黄丽清、周国斌、张延亿、梁文杰等
单位地址：北京市海淀区车公庄西路20号　　邮政编码：100048
联系人：温彦锋　　联系电话：010-68786559
传真：010-68786970　　电子信箱：wenyf@iwhr.com

成果名称：西部高寒地区筑坝材料耐久性关键技术研究

任务来源：水利部公益性行业科研专项经费项目

计划编号：200901066

该项目以西部高寒地区复杂与恶劣环境条件下的筑坝材料耐久性为主线，从设计、施工、材料、环境等方面对影响西部地区水库大坝耐久性的相关因素进行了系统研究，揭示了特征气候影响筑坝材料耐久设计指标的内在规律和主导因素，建立了大坝工程建筑物使用寿命的分析评估体系，制定了西部高寒地区筑坝材料耐久性的相关技术指南。

该项目成果的关键技术或创新点为：

（1）针对目前安全预警方法须依靠大坝建成后实时监控数据的不足，提出了“基于结构数值分析的大坝预警分析方法”。

（2）研制成功多功能冻融循环三轴仪，完成了补水条件下土体冻胀变形的CT扫描细观研究，揭示了土体的冻胀变形机理。

（3）综合考虑高寒地区水工混凝土存在的七大病害及其各自成因和特点，建立了水工混凝土劣化整体模型，并提出了水工混凝土服役状态的评估方法。

（4）结合西部高寒地区实际工程经验和技术特点，提出了适用于西部高寒地区的筑坝材料耐久性设计标准和施工指南。

该项目研究采用“以室内试验研究为主、工程模拟研究为辅、科学研究与工程应用并重”的路线进行。自该项目实施以来，先后会同设计部门、施工部门进行广泛的技术交流，使得该研究成果在我国西部地区部分大中型水利水电工程得到应用，如西藏藏木水电站、西藏拉洛水利枢纽、新疆阿尔塔什水利枢纽等。

该项目属于前瞻性基础研究工作，根据“十二五”水利发展规划安排，“十二五”时期我国将加快推进重点水利项目建设，继续推进西南等工程性缺水地区重点水源工程建设，如西藏旁多、吉林哈达山等骨干水利工程。“十二五”期间，该项目研究成果的实施，将对西部高寒地区水利工程建设顺利进行奠定良好的基础，具有较显著的经济效益与社会效益。

主要完成单位：长江水利委员会长江科学院、水利部水利水电规划设计总院、长江勘测规划设计研究院、西藏自治区水利规划勘测设计研究院

主要完成人员：汪在芹、杨华全、李家正、严建军、董芸、周世华、苏海东、彭尚仕、陈琴、石妍、王迎春、肖长伟、唐文坚、龚壁卫、林育强等

单位地址：湖北省武汉市黄浦大街23号　　邮政编码：430010

联系人：严建军　　联系电话：027-82829753

传真：027-82829752　　电子信箱：yanjj@mial.com.cn

成果名称：大坝混凝土早期热、力学特征及开裂机理研究
任务来源：水利部公益性行业科研专项经费项目
计划编号：200701014

该项目针对大坝混凝土早期相关性能参数的测试技术难点，开展大坝混凝土早期热、力学特征及其开裂机理的应用基础研究。主要围绕六个方面的问题开展研究：①在实际温度场作用下，大坝混凝土早期热学、力学、变形性能的测试技术及其发展规律；②实际温度场和约束条件下，大坝混凝土抗裂性综合试验方法和综合抗裂性指标；③大坝混凝土组成材料及配合比对其早期热学、力学、变形性能和综合抗裂性的影响规律；④水工混凝土施工期保温及养护措施对其防裂效果的影响；⑤水工混凝土早期开裂机理及三维非线性有限元仿真分析；⑥人工气候环境条件下典型水工混凝土结构模型综合抗裂试验。

该项目取得的主要创新成果包括：研究早龄期混凝土性能测试方法和技术，实现混凝土自浇筑起的热膨胀系数等热学参数，抗拉强度、抗压强度、弹性模量、徐变等早龄期性能的测试，为深入研究混凝土的抗裂性提供了新的技术途径；揭示了大坝混凝土早期热学、力学等特征参数的发展规律，以及材料组成和配合比对其的影响；建立了基于水工混凝土早期开裂机理的三维非线性有限元仿真分析方法，提出了考虑约束和温度耦合影响的大坝混凝土抗裂性综合试验新方法和综合性抗裂指标；结合大型模型试验和工程应用，形成了典型水工混凝土结构裂缝控制成套技术。

该项目成果已在大型跨流域调水和水电站及跨海桥隧道等水利、水电、交通重大工程中得到成功应用，在优选混凝土原材料与配合比、合理选择掺合料与骨料方案、提高混凝土抗裂性、节约工程造价等方面发挥了重要作用，并能促进工业废渣的合理利用，取得了显著的经济效益和环境生态效益。

主要完成单位：南京水利科学研究院、河海大学
主要完成人员：陆采荣、吴胜兴、丁建彤、沈德建、刘伟宝、钱文勋、戈雪良、梅国兴、陈波、王珩、赵海涛、陈迅捷、张燕迟、欧阳幼玲、韦华等
单位地址：江苏省南京市广州路223号　　邮政编码：210029
联系人：沙海飞　　联系电话：13915975513
传真：025-83722439　　电子信箱：hfsha@nhri.cn

成果名称：高性能环氧灌浆材料及配套技术研究与应用

任务来源：水利部“948”计划项目

计划编号：CT200604

该项目针对各种不良地质体和大坝混凝土深层裂缝等问题，进行了高性能环氧灌浆材料及其配套技术的系列研究，研制出操作时间可控，低温下能有效固化，高渗透性、高浸润性的环氧灌浆材料，能满足不同环境条件下的应用需要，同时研制出新型化学灌浆泵。其主要创新点有：

（1）通过分子结构调控手段和互穿网络技术，研制出以憎水性为主、兼具亲水性的环氧浆材，实现以浆驱水，可用于潮湿、水下及大涌水等灌浆工况。获国家发明专利2项。

（2）通过对高分子胺类固化剂结构调控，研制出的高性能环氧浆材可操作时间从2h到106h可调，能满足不同地质条件和混凝土裂缝处理工况要求。

（3）通过巯基接枝技术，研制出聚酮胺类低温固化剂，使浆材在低至-8℃气候环境下仍具有良好的可灌性和固化效果。

（4）运用研制出的高性能化学灌浆材料及开发的复合灌浆技术，对断层破碎带、挤压破碎带和挠曲核部破碎带具有很好的补强加固防渗处理效果。

（5）利用浆材的高渗透性、高浸润性，解决了大坝混凝土深层微细裂隙防渗处理问题，提高了大坝耐久性。

（6）在吸收国内外已有化学灌浆泵有关技术的基础上，研制出具有工作稳定，压力可调，体积小、质量轻，结构合理，使用方便等特点的新型化学灌浆泵，获国家实用新型专利。

该项目成果已在60余个大中型水利水电工程中得到成功应用，可缩短工程建设工期，降低成本，有利于保障工程安全运行；在此基础上编制了《混凝土裂缝处理用化学灌浆材料》行业标准，填补了国内空白；取得了重大的社会和经济效益，具有广阔的应用前景。

该项目研究成果已通过水利部国际合作与科技司组织的科技成果鉴定，成果达国际领先水平。

主要完成单位：长江水利委员会长江科学院

主要完成人员：汪在芹、李珍、魏涛、邵晓妹、陈亮、肖承京、廖灵敏、唐文坚、冯菁、张健、蒋硕忠、黄良锐、彭尚仕、李晓鄂、蔡胜华

单位地址：湖北省武汉市江岸区黄浦大街23号　　邮政编码：430010

联系人：陈锦　　联系电话：027-82829861

传　真：027-82829861　　电子信箱：chenjin@mail.crsri.cn

成果名称：湿磨细水泥浆材的制备及灌浆新技术推广
任务来源：水利部科技推广计划项目
计划编号：TG1009

该技术旨在减小水泥颗粒粒径，使之能够灌入 0.03 ～ 0.1mm 岩体或混凝土中的微细裂隙，主要应用于水利工程中岩体和混凝土结构的微裂隙防渗加固处理。基于该技术创新开发的水泥湿磨机，能使普通灌浆水泥材料经磨机磨细后，水泥颗粒粒径由最大粒径 $D_{95} > 80$mm 减小为 $D_{95} \leqslant 40$mm，平均粒径 $D_{50} > 20$mm 减小到 $D_{50} \leqslant 10$mm，从而大幅提高普通水泥浆材对微细裂隙的可灌性。

该项目在四川省江油市武都水库建立技术推广示范点。现场技术指导湿磨细水泥的制备和灌浆工艺，通过推广工作统一浆材制备技术标准，使工程技术人员正确掌握湿磨细水泥的制备技术，提高功效，降低灌浆综合成本，缩短工期，保证湿磨细水泥浆材的灌浆效果和施工质量。

该项目建立技术推广示范基地一个，就湿磨细水泥浆材的制备和灌浆新技术在多个水利工程中进行了推广应用。推广超细水泥湿磨机 16 台，培训相关技术人员 23 人次，编制水利行业标准一项并经水利部批准发布，获得国家发明专利一项。水泥湿磨机市场推广超过 50 万元 / 年，社会经济效益显著，仅四川省武都水库工程就节约投资 2000 多万元。

该项目有效提升水利水电工程大坝接缝（触）灌浆处理、基础防渗、加固灌浆处理和病险水库加固等领域的工程技术水平，推广应用前景广阔。

主要完成单位：长江水利委员会长江科学院
主要完成人员：陈昊、边智华、徐波、石子明、罗洁、陈彤、殷剑波、易天左
单 位 地 址：湖北省武汉市江岸区黄埔路 23 号　　邮政编码：430010
联　系　人：李昊洁　　联系电话：027-82926138
传　　　真：027-82926040　　电子信箱：chh_wh@21cn.com

成果名称：混凝土新型添加剂推广

任务来源：水利部科技推广计划项目

计划编号：TG1008

该项目在执行期内结合水工混凝土不同混凝土特点，不断进行优化和改进，形成水工混凝土新型添加剂系列产品。

该项目执行期内，推广了HLC系列大坝专用缓凝高效减水剂（碾压型、常态型）、低碱泵送剂、低碱高效减水剂等外加剂。

其中，HLC-NAF大坝专用缓凝高效减水剂（碾压型）具有高效减水、高效缓凝、增强、保塑性良好等特点，且对混凝土的抗折强度、密实性亦有较大的提高，推广工程共应用3125t，产值1946万元；

HLC低碱泵送剂是一种由特种低碱减水剂（或者无碱减水剂）、增强剂、新型保塑剂复合而成的多功能表面活性剂，生产过程无三废产生，对环境无污染。该产品具有碱含量低、高减水、含气量可调、保塑性好等特点，与矿物掺和料配合效果好，与水泥适应性好，特别适合配制高性能混凝土。与矿物掺和料共同配制的高性能混凝土，可预防碱骨料反应，提高混凝土抗有害离子侵蚀性能，降低混凝土绝热温升，提高混凝土耐久性。共应用了3800t，产值1336万元；

HLC 低碱型高效减水剂是一种由特种低碱减水剂（或者无碱减水剂）、增强剂、新型保塑剂复合而成的多功能表面活性剂，具有碱含量低、高减水、含气量可调、保塑性好等特点，与矿物掺和料配合效果好，与水泥适应性好，特别适合配制高性能混凝土，共推广应用185t，产值87万元。

该项目执行期内，共计推广产品7110t，创造产值3369万元，利润404万元，税收188万元。该项目产品已形成新型添加剂生产线5条，生产能力达5万t/年，产品市场规模超过1000万元/年。

从项目推广实施的情况看来，该项目产品是提高混凝土耐久性、有效利用资源及扩大工业废弃物在混凝土中应用的重要技术手段之一。社会效益、经济效益和环境效益显著，推广应用前景广阔。

主要完成单位：南京水利科学研究院

主要完成人员：黄国泓、祝烨然、陈国新、段国荣、唐修生、王冬、温金保、刘兴荣、蔡明

单 位 地 址：江苏省南京市广州路223号　　邮政编码：210029

联 系 人：祝烨然　　联系电话：025-85829728

传 真：025-85829999　　电子信箱：yrzhu@nhri.cn

成果名称：水工混凝土防碳化处理技术应用研究

任务来源：水利部科技推广计划项目

计划编号：TG1018

随着运行条件的变化和运行年限的增加，我国早期建设的水工建筑物存在着混凝土密实性差、碳化剥落严重的现象，水工混凝土碳化是影响水工建筑物使用寿命的主要问题之一，因此如何控制和减缓混凝土的碳化速度是水工建筑物目前所面临的一个重要课题。近年来，治淮很多建设项目采用对老旧混凝土进行防碳化处理，只有通过选择合适的防护修补材料、施工工艺，对防护效果进行深入研究，才能确保加固处理的效果，确保工程运行安全。

淮委建设与管理处（水利部水利工程建设质量与安全监督总站淮河流域分站）结合治淮加固工程实际，与安徽省水利部淮委水利科学研究院合作开展了水工混凝土防碳化处理应用研究，选择治淮工程中常见的SBR砂浆、丙乳砂浆，系统研究其物理力学性能、耐久性和作用机理，对具有十年以上经防碳化处理的混凝土的碳化发展规律进行研究，并对应用效果给予鉴定评价。

该项目在安徽省花凉亭水库推广丙乳砂浆防护材料使用面积13000m^{2}以上，28天抗压强度为39.1MPa，黏结强度为1.79MPa，极限拉伸值为673με，快速碳化深度为9.12mm；在安徽省禹王泵站推广SBR砂浆防护材料使用面积200m^2，28天抗压强度为33MPa，黏结强度为1.56MPa，快速碳化深度为0.5mm。通过项目实施，花凉亭水库节约工程投资200万元以上，禹王泵站节约工程投资37万元左右。

该项目还先后在蚌埠闸、嶂山闸、江风口分洪闸、韩庄节制闸等工程中得到应用，采用防碳化材料对老混凝土进行防护，不仅为工程节约了大量投资，而且施工方便、操作性强、防护效果好。

该项目对于水工混凝土防碳化处理技术的推广应用具有较强的指导作用，社会、经济、环境效益显著，推广应用前景广阔。

主要完成单位：水利部水利工程建设质量与安全监督总站淮河流域分站、安徽省水利部淮委水利科学研究院

主要完成人员：姬宏、李晶、郑继、刘磊、华伟中、宋新江

单位地址：安徽省蚌埠市东海大道3055号　　**邮政编码：**233000

联系人：李晶　　**联系电话：**0552-3093473

传真：0552-3093916　　**电子信箱：**jli@hrc.gov.cn

成果名称：塑性混凝土技术

任务来源：水利部科技推广计划项目

计划编号：TG1036

塑性混凝土技术及其在土石坝加固工程中应用是福建省水利水电科学研究院于1999～2002年独立承担完成的科研项目，该项目2003年获福建省科学进步三等奖。

土石坝加固工程中塑性混凝土的主要技术性能指标是：

（1）水泥用量：80～350kg/m^3

（2）弹性模量：200～3000MPa

（3）抗渗系数：小于10^{-7}cm/s

（4）抗压强度：2.0～8.0MPa

该技术适用范围：本项目可应用于土坝除险加固工程、堤基防渗加固处理工程、以及工业与民用建筑、港口、码头、大坝围堰、闸基处理和尾矿库、垃圾场、污水处理池等环保工程，具有良好的防渗性能。

应用条件：塑性混凝土墙体柔性大，弹性模量低、抗渗性能好等特点，具有与地基同变形的性能，不易开裂。但不适合应用在对墙体刚性要求高的防渗墙。

2010～2012年在福建省病险水库除险加固工程中完成两座示范工程共计6620.92m^2的塑性混凝土防渗墙推广应用，开展了抗压强度、弹性模量、抗渗性能等塑性混凝土物理力学性能指标的实用性试验，指导了设计与施工，在塑性混凝土原材料上采用风化土替代沙石料取得了技术方面上的突破。两座水库工程完工蓄水后，经一年时间的运行观测，水库加固后运行正常，防渗效果良好，各项技术指标达到预期效果。

通过对塑性混凝土的研究和已有的应用表明，塑性混凝土具有弹性模量低，适应应变能力强，极限应变大，抗渗性好等优良特性，有利于改善防渗墙墙体的应用状态，对于提高土石坝除险加固工程的安全性、可靠性具有重大的意义。与普通混凝土防渗墙相比，塑性混凝土防渗墙的除险加固成效更加显著，推广应用前景广阔。

塑性混凝土防渗墙技术的经济效益还体现在水泥用量小、施工便利、造价低等方面。普通混凝土防渗墙水泥用量都在300kg/m^3以上，而塑性混凝土的水泥用量一般都在200kg/m^3左右，大大节约了水泥用量，可节省投资10元/m^3。同时，水泥用量小，可降低能源消耗，减少污染，有利于环境保护。

主要完成单位：福建省水利水电科学研究院
主要完成人员：李孝成、王锭一、林圣敏、张挺、康辉平、赵林、李帮全、阮东涌
单位地址：福建省福州市东水路83号　　邮政编码：350001
联系人：李孝成　　联系电话：13905907690
传真：0591-81566084　　电子信箱：lxc7690@163.com

成果名称：Elastocoast 碎石聚氨酯护坡技术在寒区工程中的应用研究
任务来源：水利部“948”计划项目
计划编号：200916

该项目引进了“Elastocoast 碎石聚氨酯护坡技术”的护坡设计、配合比、施工等方面的技术资料，包括设计手册、破坏机理研究等，这些技术资料对 Elastocoast 碎石聚氨酯护坡技术的设计与施工，以及开发研究有重要的借鉴作用。

采用我国水利行业标准，对德国巴斯夫公司提供的产品开展了 Elastocoast 聚氨酯护坡材料的常温及低温条件下物理力学性能的试验，研究结果表明该材料的抗压强度达到 0.5 ～ 2.5MPa，弯曲强度达 2.5 ～ 3.0MPa，弹性模量在 1000 ～ 3000MPa。经 300 次冻融循环后，材料满足寒冷地区护坡材料的基本要求。

此外，在消化吸收引进技术的基础上，结合寒冷地区护坡工程的特点，开展了 Elastocoast 聚氨酯材料耐低温性能的试验研究、Elastocoast 聚氨酯护坡结构冻胀适应性模型试验和 Elastocoast 波浪模型试验等，对有效抵抗冰压力和波浪的冲击力进行了探讨。通过与德国巴斯夫公司、荷兰代尔夫特科技大学水利工程系、德国不伦瑞克大学水利工程学院的合作研究，开展了“Elastocoast 碎石聚氨酯护坡技术”破坏机理和波浪作用的试验与研究，结合上海海岸工程国际会议，组织了专门的分会场并开展研讨，合作四方对 Elastocoast 碎石聚氨酯护坡材料的性能、低温试验、机理研究、波浪作用等进行了广泛的探讨与研究。

该项目实施过程中还在黑龙江省大庆市开展了试验示范工程的设计与施工。结合大庆防洪工程泄水干渠项目完成了 100 延长米的施工，并进行了经济技术评价，与传统的护坡材料相比，Elastocoast 碎石聚氨酯护坡可节省造价 5.7% ～ 15.5%。

黑龙江省地处我国北方寒冷地区，水库护坡工程冰冻破坏及冻胀破坏问题严重。Elastocoast 碎石聚氨酯护坡结构能很好地适应冻胀变形、黏结力强，保持整体结构的透水、透气性、增强其弹性以及环保等的特点，非常适合应用于寒冷地区护坡、护岸等工程中，并且施工质量易于控制，施工进度快。Elastocoast 弹性聚氨酯组合料具有非常广阔的市场前景，与传统护坡材料相比，更适合在寒冷地区渠道护坡等水利工程中应用。

主要完成单位：黑龙江省水利科学研究院
主要完成人员：张滨、刘桂英、徐昭巍、汪恩良、刘丽佳、孙景路、袁安丽、陈金波、钟华、常俊德、刘晓波、高占坤、岳为群、徐丽丽
单 位 地 址：黑龙江省哈尔滨市南岗区延兴路 78 号　　邮政编码：150086
联 系 人：徐昭巍　　联系电话：0451-84119006
传 真：0451-84119001　　电子信箱：xzw700908@soho.com

成果名称：声发射系统引进及应用研究

任务来源：水利部“948”计划项目

计划编号：200901

该项目引进了美国物理声学公司（PAC）SAMOS 声发射系统、SH-II-SRM 在线监控声发射系统、基于 PCI-2 的高性能声发射系统以及相应处理软件，为探索岩体破裂过程、破坏机理、岩体开挖卸荷过程及松弛规律提供了新的技术手段。SAMOS 系统是美国物理声学公司 PAC 公司推出的代表高级声发射系统的最新产品，它的核心为 PCI 总线的 8 通道 PCI-8 声发射功能卡；具有全数字化的并行处理技术、实时声发射特征提取、波形采集和处理功能；能同步进行传统的声发射特征采集和现代波形处理技术。PCI-2 系统是 PAC 公司最新研制的适用于高端声发射研究的高性能声发射系统，精度高，具有 1KHz-3MH 的带宽。在线监控系统 SH-II-SRM 声发射系统适用于野外边坡、地下洞室岩体声发射监测。能实时连续监测，传感器具有防水功能。多通道声发射处理软件系统 AEWin 功能强大，具有 3D 定位等功能。

在技术引进的基础上，开展了室内岩块、现场岩体破坏过程与机理、岩体开挖卸荷松弛特征以及拱坝地质力学模型试验坝体超载破坏规律研究，探讨了复杂岩体的变形破坏过程及破坏机理，获得了基于声发射规律的岩体破坏过程研究成果，建立了基于声发射技术的岩体稳定性预测评价方法。通过室内岩块破坏和现场大尺寸岩体破坏过程和破坏机理声发射研究。验证了岩石脆性破坏，在达到其峰值强度前，内部基本上没有裂纹产生及扩展，但是随着临近其峰值强度，大理岩内部的裂纹迅速开裂扩展，并不可控制的形成贯通的宏观裂隙。对于地下洞室爆破开挖，围岩声发射事件在时间序列上可分为剧烈区、下降区和平静区 3 个阶段。在一次开挖进深过程中，不但引起本次揭露的围岩范围产生强烈损伤松弛，还将加剧已上一次开挖洞室表层围岩的松弛程度，并使松弛范围向深部扩展，同时还将引起下一开挖进深范围内围岩产生初步损伤。综合开挖过程中围岩声发射特征参数的变化规律，可较好的确定围岩的松弛范围、损伤范围和原岩范围。对比未预锚岩体和预锚岩体开挖过程中的岩体声发射事件水平及分布范围，可明确的反映岩体锚固效果，并为岩体的锚固设计提供依据。

通过本项目研究，为坝体及坝基岩体的稳定性研究奠定了基础。坝体承载至破裂过程声发射监测结果可反映坝体局部损伤开裂，破坏范围扩展直至彻底破坏各个阶段破坏特征、规律及相应的超载安全度。

该项目在乌东德、白鹤滩、锦屏二级等特大型水利水电工程中进行了示范应用，具有良好的推广应用前景，社会经济效益显著。

主要完成单位：长江水利委员会长江科学院

主要完成人员：邬爱清、周火明、范雷、钟作武、张宜虎、熊诗湖、李维树、汪斌、蒋昱州、成传欢、唐爱松、杨宜、谢斌、庞正江

单位地址：湖北省武汉市江岸区黄浦大街 23 号　　邮政编码：430010

联系人：周若　　联系电话：027-82829732

传真：027-82829732　　电子信箱：13886130317@139.com

成果名称：水利工程智能超站仪与3G网络数据处理系统推广与应用
任务来源：水利部“948”计划项目
计划编号：201005

针对大坝、高速公路、桥梁等大型工程外业变形测量的特点，利用徕卡TPS1200+系列全站仪的自动目标识别功能（ATR），开发了贴合工程实际的Auspic_TPS1200自动变形监测系统。该系统具有设置独立基准网、自由设站、自动搜索目标、自动测量、自动记录和图形实时显示后处理等功能，使外业测量工作更加方便、灵活、快捷。提高野外变形观测工作的效率和精度，降低人力劳动强度和测量成本。

该系统结合Access数据库技术、AutoCAD图形建模和显示技术，开发了与测量功能配套的功能模块，即三维测点建模及显示模块、连续变形观测数据分析模块以及数值分析模块，根据数据库中记录观测信息对工程变形状态作出综合分析评价，为工程的管理决策提供依据。

开发了以掌上电脑（PDA）为操作平台的自动变形监测系统，实现PDA与全站仪之间的通信连接。研发了无线数据传输应用系统，利用PDA集成的3G无线网络传输功能，结合数据库访问接口标准ODBC技术，将数据传输到中心服务器终端，实现现场测量数据的无线传输、数据的统一管理与网络共享。

该系统先后在河南省济源市河口村水库项目、河南省洛阳市小浪底水库项目中进行了现场测试，并在河口村水库项目中得到了实际应用，测量精度满足相关规范要求，应用成果表明：该系统使用方便、效果良好，具有良好的推广应用前景，并取得了良好的经济效益和社会效益。

主要完成单位：黄河勘测规划设计有限公司、华北水利水电学院
主要完成人员：宗志坚、魏群、刘尚蔚、刘豪杰、白卫峰、魏鲁双、仝亮、刘朋俊、况福华、娄健康、朱小超、高阳秋晔、丁东山、轩莉、付翔、张永光、尹小磊
单 位 地 址：河南省郑州市金水路109号　　邮政编码：450003
联　系　人：魏群　　联系电话：0371-65790314
传　　　真：0371-65790314　　电子信箱：qunwei@ncwu.edu.cn

成果名称：大型输水工程参数辨识及安全调控关键技术

任务来源：集成成果

计划编号：

该项目研究结合南水北调等实际输水工程的设计、运行和管理需要，对急需解决的一系列输水工程设计参数系统辨识和运行安全调控关键问题进行系统深入的研究。

该项目成果的主要创新点：

（1）应用系统辨识理论，首次提出了渠道糙率误差分析理论及计算方法、闸门特性的动态系统辨识模型及其求解方法、长输水管道系统故障参数辨识的专有频域数学模型等，为解决长距离输水工程的关键水力学问题提供了重要的技术支撑。

（2）通过实体模型试验研究，提出了长距离输水管道充水含气水流的水力瞬变模型相似律，解决了通气孔中气泡形成位置、大小、运动速度的测量以及通气孔负压辨识的关键技术问题，并进一步验证了设计的合理性。

（3）建立了国内水利系统唯一的基于SCADA系统的低温冰水动力学试验平台，通过大量真冰试验，提出了输水渠道中不发生倒虹吸冰塞事故的临界水深等关键水力学判据。

（4）为解决冰塞堆积和冰塞面变形等关键问题，通过自适应模糊神经网络模型和湍流模型的有效结合，首次建立了输水工程二维冰水动力学仿真模型和冰情预报方法。

该项目成果已在南水北调中线工程和黄河上游冰情预报中得到应用，取得了显著的经济和社会效益，在大型输水工程规划、设计、运行、调度等方面具有广阔的推广应用前景。

该项目研究成果已通过水利部国际合作与科技司组织的科技成果鉴定，成果整体达到国际领先水平。

主要完成单位：中国水利水电科学研究院、合肥工业大学、北京市水利规划设计研究院、北京市南水北调工程建设管理中心

主要完成人员：杨开林、汪易森、王军、石维新、郭新蕾、王涛、郭永鑫、付辉、房彦梅、仇文顺、陈胖胖、张大成、付云升、贾顺钟、李甲振

单位地址：北京市海淀区复兴路甲1号D座　　邮政编码：100038

联系人：杨开林　　联系电话：010-68781725

传真：010-68538685　　电子信箱：yklciwhr@sohu.com

成果名称：寒冷地区露顶闸门融冰技术与融冰加热设备

任务来源：水利部科技推广计划项目

计划编号：TG0903

哈达山水利枢纽是《松花江、辽河流域水资源综合开发利用规划纲要》推荐的第一期工程，是“北水南调”的主要水源工程之一，同时担负向吉林西部提供生活和工农业供水、生态环境保护供水和发电等四大任务。水库总库容为6.08亿m^3，灌溉面积301×10^4亩，电站装机容量27.6MW。项目建成后，对吉林省西部城市和农村的生产、生活、生态环境恢复具有不可替代的作用。

大顶子山航电枢纽是松花江干流局部渠化方案中确定的哈尔滨—依兰航道大顶子、洪太、依兰三个航运梯级中的上游梯级，是松花江流域水资源综合开发利用的重要组成部分，是北水南调规划方案实施后保持松花江航道畅通的重要保证。该枢纽工程是一项航运与生态环境、航运与发电、航运与旅游、航运与交通、航运与供水、航运与灌溉、航运与水产养殖等互相结合的综合利用工程，经济效益、社会效益显著。

该项目在哈达山水利枢纽、大顶子山航电枢纽露顶闸门推广应用设备12台套，其性能指标可以达到在环境温度-40℃条件下达到正常启闭闸门的要求。实现了设备投资规模1482万元，节约工程投资4000万元以上。

该项目成果获得吉林省科学技术进步奖三等奖、大禹水利科学技术奖三等奖。

实际运行表明，该项技术解决了寒冷地区水利水电工程利用表孔闸门冬季运行的技术难题，开发的融冰加热设备是解决寒冷地区露顶闸门冬季运行的有效手段，经济及环境效益显著。在寒冷地区闸门冬季运行的水利水电工程、引水调水工程有着广阔的推广应用前景。

主要完成单位：中水东北勘测设计研究有限责任公司

主要完成人员：刁彦斌、苏加林、马军、陆阳、周兵、葛光录、陈立秋、袁伟、马会全、李一馥、李大伟、王绪建、臧海燕、张春丰、谢振峰

单位地址：吉林省长春市工农大路800号　　邮政编码：130021

联系人：刁彦斌　　联系电话：0431-85092180

传真：0431-85092000　　电子信箱：diao90cc@163.com

成果名称：深厚软土地基成套技术

任务来源：水利部科技推广计划项目

计划编号：TG1005

该项目研究吹填淤泥土的工程性质，重点分析吹填淤泥与一般软土在物理力学性质和地基加固方法等方面的差异。依托温州民科基地围海造陆工程，按使用功能划分试验区块，提出各区块的真空预压处理方案，提出适合于吹填淤泥表面快速施工的真空预压施工工艺和质量控制方法。通过现场监测和资料整理分析，提出吹填淤泥真空预压处理的设计计算方法。对吹填淤泥强度和承载力增长规律和机理进行理论研究，确定吹填淤泥的强度和承载力计算方法。

该项目提出了吹填淤泥无砂垫层真空预压快速加固技术，包括：借助可移动浮筏垫层人工插设高通水量排水板；采用长短板结合的方法加密竖向排水通道；利用密封膜下的真空管路和无纺土工布形成水平排水层；控制加载速率，真空压力的加载方式由传统的一次施加改为分级施加；地基内部真空负压保持四个月以上，地基承载力可达55kPa。该技术具有技术可靠、施工便捷、缩短工期、环境友好等优势，解决了常规真空预压技术处理超软吹填淤泥存在的“淤泥抱团”、“软弱夹层”及砂垫层费用高的问题。

该项目将真空预压技术推广应用于浙江温州市围海造陆工程中的大面积新近吹填淤泥地基处理，通过工程实践，完善了大面积吹填淤泥地基真空预压法加固设计施工成套技术，成功应用于590万m^2新吹填淤泥地基的处理。

该项目提出的改进真空预压地基处理技术可有效缩短建设工期、改善加固效果、降低工程投资、保护环境，可广泛应用于围海造陆、沿海滩涂开发利用等工程，具有显著的社会效益、经济效益和环境效益，推广应用前景广阔。

主要完成单位：南京水利科学研究院

主要完成人员：赵维炳、戴济群、陈海军、董江平、关云飞、王立鹏、李小梅、程万钊、龚丽飞、孙菲菲、潘明鸿、倪天宇、高长胜

单位地址：江苏省南京市广州路223号　　邮政编码：210029

联系人：陈海军　　联系电话：13951733182

传真：025-85829500　　电子信箱：hjchen@nhri.cn

成果名称：土石坝新型防渗技术
任务来源：水利部科技推广计划项目
计划编号：TG1035

该技术是采用新型履带式旋喷钻机及防渗技术，钻孔深度可达50m，垂直度好，施工时不放空水库，受坝体和坝基地质因素影响小，具有适用性广、防渗效果好、节约投资等特点，能适用于不同类型的土石坝，通过总结以往土石坝防渗技术经验和教训，提出的新型履带式旋喷钻机及防渗技术，已在福建省泉州市洛江区新南水库推广应用，具有较好的社会和经济效益，推广应用前景广阔。

推广应用具体内容如下：

（1）在新南水库除险加固中推广应用新型履带式旋喷钻机及防渗技术，完成旋喷防渗总进尺5700m，防渗面积2850m^2的设计、施工技术指导，完成了新南水库的除险加固任务，工程于2011年2月通过完工验收。经一年时间的运行观测，水库加固后运行正常，大坝渗漏系数$K \leqslant 1\times10^{-6}$cm/s，防渗效果良好，各项技术指标达到预期效果。

（2）该项目组开展了技术推广宣传，在2010年《水利科技》第3期刊登专栏，宣传新型履带式旋喷钻机及防渗技术，并组织水利设计、施工等技术人员进行现场参观学习；举办福建省水库除险加固培训班，宣讲土石坝新型防渗技术。

（3）该项目组认真开展技术总结，交流新南水库大坝应用土石坝新型防渗技术经验，在《中国水利》发表总结论文《土石坝新型防渗技术在新南水库除险加固中的应用》。

主要完成单位：福建省水利管理中心
主要完成人员：黄院生、郑东文、陈文清、王惠民、董文鼎、黄盛润、许俊雄、任宇祥、刘红
单位地址：福建省福州市东大路229号　　邮政编码：350001
联系人：黄院生　　联系电话：13609551396
传真：0591-87674272　　电子信箱：fjsgzx@sina.cn

成果名称：利用表层处理技术提高混凝土耐久性
任务来源：水利部公益性行业科研专项经费项目
计划编号：200801070

该项目研究根据混凝土耐久性机理以及新旧混凝土材料相容性作用机理，通过室内试验、工程实践，研制出水工混凝土表层处理技术。完成了以下5项工作内容：①表层处理材料对混凝土耐久性的作用机理；②表层处理材料与水泥混凝土材料的相容性；③表层处理材料的开发；④表层处理材料对混凝土裂缝封闭作用的效果；⑤表层处理材料对混凝土的抗冻融作用的效果。

该项目成果的创新点为：

（1）通过耐久性机理分析，提出表层处理技术的三种方式：用于新建混凝土的表面致密处理；用于既有混凝土的表面涂层处理与表层贴层处理。三种方法可以单独使用，也可以混合使用。

（2）“一种水工混凝土表层切缝封闭处理方法”已获发明专利（专利号：ZL201010515610.7）。该专利成果已用于多座水库大坝的护坡与坝顶护面封闭处理工程，均取得满意效果。

（3）水泥基渗透结晶材料可处理既有大坝护坡的模袋混凝土及混凝土板块抗冻融不足的问题，提高了抗冻指标50循环以上，提高抗渗水头可达140m，效果显著。

（4）提出贴层相容性概念，研发的贴层充填密实型界面材料，可充填基材混凝土孔隙，形成微小楔体，增加二相接触面积，增加范德华力，有效提高了既有混凝土的耐久性。

（5）采用水泥基渗入性材料、柔性材料与结构技术相结合的方法，较好地解决了有明水状态下的混凝土结构间歇性活动裂缝的渗漏问题。

该项目技术成果可充分利用原混凝土活性部分恢复自身活力，大幅提高其使用寿命，有效地降低工程直接投资、减少建筑垃圾，施工简便，一般不需要临时工程，不占地、节约能源、不污染环境，可真正实现在提高既有与新建水工混凝土耐久性的同时，达到节能减排、保护环境、节支增效的目的。随着社会经济、农业迅速发展的要求以及既有水工建筑物运行年限的增加，吉林省内大多数在20世纪90年代以前修建的水工建筑物，已产生不同程度的损害，均面临重建、改建、扩建、维修与除险加固等问题，该项技术成果可广泛用于上述工程，已在吉林省内12座工程中得到成功应用。

根据对采用该项技术成果完成的12座表面涂层和表面贴层两类示范工程的综合效益统计分析得出：工程直接投资仅为原方案的14%左右，单项工程节省工程直接投资率为60%～90%，减少建筑垃圾90%以上。若再加上减少重建工程所需的水泥、砂石等建筑材料以及烧制水泥熟料所需的标准煤能源消耗，则该项技术成果间接减少能源、自然资源消耗和保护环境的能力巨大。经济、社会及生态效益显著。

主要完成单位：吉林省水利科学研究院
主要完成人员：郑铎、周继元、张晓辉、杨金良、王宪国、朱振学、张庭秀、于乾贤、叶楠、李佳超、刘丽英
单位地址：吉林省长春市人民大街8220号　邮政编码：130022
联系人：周继元　联系电话：0431-85308755
传真：0431-85395947　电子信箱：zgjlcczjy@126.com

成果名称：移动造浆设备充填长管袋技术
任务来源：水利部科技推广计划项目
计划编号：TG1015

移动造浆设备充填长管袋技术是结合现有抢险设备、新型材料和黄河泥沙，研制出的抢护河岸、控制坝岸未裹护段坍塌抢险的抢险新工艺。依托抢险队的挖掘机、装载机、自卸车、洒水车等大型抢险机械，制造部分配套设备安装到自卸车上，为移动造浆设备，在险情抢护时快速充填长管袋，有效遏制险情发展。该技术的突出成果在于把大型抢险设备、新型材料、新工艺、新方法有机的结合在一起抢护临时性河岸、坝岸坍塌险情或堤防风浪险情等。主要创新点在于把大型抢险设备进行简单改装，实现快速造浆、快速充填，具有机动灵活、节约投资等，同时，能够在出险现场利用黄河泥沙就地取材，达到快速便捷抢险的目的。

该技术的社会、经济及环境效益显著。①社会效益主要体现在黄河工程坝岸或滩岸坍塌临时性险情抢护和处置时，尤其是大洪水时，顺堤行洪段，抢护大面积险情时，解决了料源不足、抢护速度慢、不利于机械化作业的弊端，可大大提高抢险速度，为险情抢护争得了宝贵的时间，为险情的成功抢护及滩区群众的生命财产安全，提供了有力保障。且该技术不需投入大量人力、物力、财力，节省社会人力资源；不需投入大量车辆运送抢险所需柳秸料，避免交通道路拥堵等。②经济效益主要体现在利用土工织物材料制作成大面积长管袋排体，在长管袋内充填泥土沙浆进行抢护，操作简单、节约抢险投资。经分析比较，同等体积险情抢护可节约资金30%～40%，抢护速度是传统埽工技术抢护速度的3～5倍。该技术在2009年南水北调中线穿黄河道工程施工平台修筑时得到了全面应用，节约资金超千万元；2011年在中牟县韦滩畸形河势滩岸坍塌抢护中，采用“抢点顾线”方法，利用移动造浆设备充填长管袋技术充填长管袋防护体1200m，防护长度1600m，与传统埽工技术抢修护岸相比节约投资约38%。③环境效益显著主要体现在采用移动造浆设备充填长管袋技术抢护河岸及坝岸坍塌险情，使用材料主要为土工模袋、黄河泥沙、水，使用的动力主要是挖掘机、装载机、自卸车、洒水车（抽水机）等。可达到就地取材，节约资源，不需砍伐大量树枝，保护了生态环境。

河南黄河地处黄河中、下游，河道长711km。工程点多、线长，每年汛期河道整治工程坝、垛、护岸的未裹护段险情及滩岸坍塌时有发生，这种险情发展速度快，抢护需要及时迅速，尤其是临时工程抢险，采用移动造浆设备充填长管袋技术抢护更为科学有效，能够对这类险情实施快速、有效抢护。因此，推广应用前景广阔。但由于长管袋充填一般在水中作业，也受水流条件制约，当大河流速超过1.0m/s时，管袋铺设时易被水流冲卷；水深超过8m时，充填作业极其困难。因此，该技术适应的水流条件是：流速不超过1.0m/s，水深不超过8m。

主要完成单位：黄河水利委员会河南黄河河务局
主要完成人员：高兴利、刘云生、程万利、王庆伟、申家全、朱长河、刘红卫、谢有成、曹克军、崔锋周、张晓玲、张佑民、高超、王中奎、白璐
单位地址：河南省郑州市金水路12号　　邮政编码：450003
联系人：曹克军　　联系电话：0371-69552385
传真：0371-69552369　　电子信箱：caokj168@163.com

成果名称：高效抗磨泥浆泵

任务来源：水利部科技推广计划项目

计划编号：TG1016

该项目的研究内容是加工生产“10FGKN—30 非金属高效抗磨泥浆泵”6 台套、“LQS 型两相流潜水泵疏浚系统”核心部件“LQ250—35—45 型潜水渣浆泵”3 台套，投入“水力冲填”工程生产运行，结合生产示范点跟踪观察运行效果，完善配套措施，促进成果的推广。

LQS 型两相流潜水泵疏浚系统采用独创的固液速度比理论和泥沙颗粒运动数值模拟进行潜水抽沙系统的设计，设计了机械密封前进口区域水压力为零的动密封结构，保证了该系统设计方法的创新性和先进性。“10FGKN—30 型非金属高效抗磨泥浆泵”是以 10EPN—30 型铸铁泥浆泵为原形，针对筛选的非金属材料重新优化设计开发的实用型泥浆泵。泵壳、叶轮、护板等主要过流部件采用非金属制作。

“高效抗磨泥浆泵”已正式投入台前放淤固工程、东明淤沙备土工程、惠民淤筑地工程生产应用。经示范点观测分析，平均流量 796m^3/h，平均含沙量 41%，时产土方 326m^3/h。通过两年的推广实施，在完成计划资助推广“10FGKN—30 非金属高效抗磨泥浆泵”6 台套、“LQ250—35—45 型潜水渣浆泵”3 台套的基础上，又推广了 60 台套。在推广中完善了施工技术，建立了示范点。完成水力冲填土方 363 万 m^3。结合施工、生产示范点建设，培训了 54 名技术人员。

“高效抗磨泥浆泵”的推广转化，为水力吹填工提供了一种高效、耐磨新型设备，推动了水力吹填施工的科学技术进步；该泵抗磨、重量轻的特点，延长了使用寿命长，生产中停机换件次数少，安装、拆卸和维修方便，节约大量人力物力，有利地保证了安全生产、改善了劳动条件；总体功效高，在生产中可有效地节约柴油等能源消耗，降低环境污染。项目实施以来，完成水力冲填土方 363 万 m^3，用户可累计节约生产开支 163.35 万元。

“高效抗磨泥浆泵”具有耐磨性强，高效节能，重量轻，使用方便、适应性强等突出优点。可广泛应用于在黄河淤背固堤，沿海造田，湖泊及渠道清淤工程，具有广阔的推广应用前景。

主要完成单位：黄河水利委员会山东黄河河务局

主要完成人员：赵世来、王宗波、李长海、杨建、张建春、孙泉汇、刘桂珍、张延兵、郑付生、张建怀、边一飞、郝彩萍、苏琳琳、许洪元、王东桂

单位地址：山东省济南市黑虎泉北路 157 号　　邮政编码：250011

联系人：李长海　　联系电话：0531-86987168

传真：0531-86987168　　电子信箱：lich1962@168.com

成果名称：新拌混凝土水灰比测定仪引进、研究与开发
任务来源：水利部“948”计划项目
计划编号：201020

该项目的成果内容为：

（1）引进日本新拌混凝土水灰比测定仪，该仪器设计原理合理、准确度高、操作简便、检测时间短，能够快速测定混凝土含气量、单位容积质量、单位用水量、胶凝材料用量及水灰比，且水灰比测量精度可以控制在 ±3% 的测定误差范围内，从生产伊始判定混凝土质量，相对于以 28 天强度为基础的评判混凝土质量的方法具有可控性。

（2）该项目在引进设备的基础上研发出国产化的新拌混凝土水灰比测定仪，该仪器与引进仪器相比，不仅能快速测定新拌混凝土含气量、单位容积质量、单位用水量、胶凝材料用量及水灰比，而且首次提出并实现了根据该测定仪得出的水灰比变化推测混凝土 28 天强度、抗冻及抗渗性能等指标，其预测结果经实测验证准确可靠。

该仪器的引进，解决了现有混凝土检测方法结果滞后性问题，在生产过程中，可以及时发现生产中存在的问题，对于可能出现的风险或事故，采取积极有效的措施进行预防和防范。通过水灰比和其他原材料指标可以推定混凝土抗压、抗冻、抗渗等方面性能，为混凝土工程质量提供保障。该仪器国产化后大大降低了仪器购买成本，每台节省购买成本 70%，经济效益和社会效益十分显著。

新拌混凝土水灰比测定仪已获得国家专利，该技术已应用于南水北调中线天津干线混凝土输水箱涵工程质量控制中，并能广泛推广应用到我国其他混凝土建设工程，提高混凝土工程质量控制水平，彻底解决目前混凝土质量控制滞后的问题，具有在较好的推广应用价值和市场前景。

主要完成单位：天津市水利科学研究院
主要完成人员：孙永军、张振、李广智、齐勇、郝志香、杨慧、王建波、程强、刘桐、袁春波、齐伟、武靖源、刘京晶
单位地址：天津市河西区友谊路 60 号　　邮政编码：300061
联系人：张振　　联系电话：13502181256
传真：022-28374858　　电子信箱：zz@tjhri.com

成果名称： 水工钢结构三维实体造型系统

任务来源： 水利部“948”计划项目

计划编号： 200912

该项目引进了英国的StruCad软件主要应用于水工钢闸门的机械设计和产品分析，通过学习，可快速生成钢结构三维实体模型，再从三维实体模型直接生成图纸，从而可以帮助结构设计人员轻松地完成钢结构施工图的设计工作。

该项目取得的主要成果如下：

（1）建立了水、电钢结构的标准库，节点库和型钢库，推广新结构应用，提高水利，水电金属钢结构设计水平，缩小与国外先进钢结构设计水平的差距。

（2）快速而高质量地完成了吉林省白城市引嫩入白五家子泵站水工钢结构的设计和施工图。

该项目成果的社会经济效益分析：

（1）通过使用该系统创建钢结构三维实体模型，再从三维实体模型直接生成图纸，可帮助结构设计人员轻松地完成钢结构施工图的设计工作，效率提高25%左右。

（2）该系统可以自动计算切割余量和材料用量，选取最优配料方案，从而减少钢材用量，提高材料利用率，不仅有利于环保建设，同时也可以降低企业成本，提高企业经济效益。

（3）该系统可在三维实体模型中进行干涉检查，大大降低施工图出错率，从而降低制造、拼装过程中的返修率，降低企业成本，提高企业经济效益。

该项目将水工钢结构三维实体造型系统应用于五家子泵站水工钢结构工程中，得到了钢结构制造单位的认可。国内越来越多的钢结构公司认识到水工钢结构三维实体造型系统的优越性，认识到应用该系统可以给企业带来经济效益的增加。

主要完成单位： 水利部长春机械研究所

主要完成人员： 尹清静、孙云峰、杨洋、吴艳民、邱慧、田质子、邵明明、韩子超、胡博

单 位 地 址： 吉林省长春市南湖大路6299号　　**邮政编码：** 130012

联 系 人： 康健　　**联系电话：** 0431-85939050

传 真： 0431-85952033　　**电子信箱：** kangj@changshui.com

成果名称：“钢丝网水泥薄壳渡槽可靠度分析及加固技术优选”推广应用研究
任务来源：水利部科技推广计划项目
计划编号：TG1045

该项目成果在养鱼塘渡槽和桐树坡渡槽加固施工中推广应用，具体推广内容如下：

（1）采用原位综合试验检测技术对两个渡槽的结构进行检测。

（2）建立了两个渡槽的可靠度分析模型，对双悬臂薄壳渡槽进行空间有限元分析。

（3）对两个渡槽进行了结构安全评价，提出加固优选方案。

（4）加固实施后，再次进行结构检测和安全分析，确保加固有效，延长了使用寿命。

该项目在养鱼塘渡槽和桐树坡渡槽推广应用后，渡槽槽身渗漏、湿化和锈蚀得到抑制，槽身的强度、刚度、抗裂安全度和目标可靠度指标满足规范要求，水力条件和基本结构型式保持不变。

该技术推广后，有效地提高了两个渡槽的过流能力，提高近8万亩农田的灌溉保证率，经济效益明显。该项目采用的加固技术，无需弃槽的堆弃场，没有混凝土搅拌工艺需要的料场、施工场地、设施设备安装场地等，工期短，不需要进行临时征地和青苗补偿，施工噪音小，环境效益显著。

该项目培养了多位专业技术人员，编写了《钢丝网水泥薄壳槽可靠度分析及加固技术手册》。

该项目的社会效益和经济效益显著，具有较好的推广价值。

主要完成单位：湖南省水利水电科学研究所
主要完成人员：刘思源、陈子年、田大作、范金星、卜良桃、喻成、姜练武、梁卫平、秦伯玄、汪贤佳、何香建、汤小俊、宓维孝、陈忠良
单位地址：湖南省长沙市韶山北路370号　　邮政编码：410007
联系人：田大作　　联系电话：0731－85486204
传真：0731 － 85483062　　电子信箱：tiandz@163.com

成果名称：振动射冲成槽地下连续墙施工技术
任务来源：水利部科技推广计划项目
计划编号：TG1056

该项目在山东、河北、陕西、黑龙江等地有关工程中推广应用，在推广过程中继续深化研究，在设备的工效、墙体的防渗新材料方面有所突破。主要进行了成槽技术和浇筑技术的推广。

该项目的主要创新点为：

（1）成槽技术的创新。该成果利用高频小幅振动冲击与中压射流冲刷相结合的原理，集成研究出连续墙成槽设备和工艺，在成槽技术方面取得了突破，在施工工艺方面有独创性。

（2）成槽设备的创新。该设备动力型式、传动方式合理，对地质条件和施工场地适应性强；设备具有重量轻、尺寸小、能耗低、工效高和成本低等特点。根据成槽技术的特点，合理配置设备，形成具有自主知识产权的水力机械装备。

（3）施工工艺的创新。在施工工艺方面有独创性，该技术制定了操作规程，施工步骤清晰合理。

该项目的经济技术指标完成情况如下：

（1）该项目实际完成12个项目的推广，推广面积78827m^2。

（2）完成防渗墙最大厚度50cm，最大深度21m。渗透系数$2.5\times10^{-6}\sim8.3\times10^{-8}$cm/s；抗压强度2.2～2.5MPa；墙体允许渗透坡降大于60。

（3）实际施工单价200元/m^2左右。目前高喷防渗墙和混凝土防渗墙的市场价格约为300～350元/m^2，与之相比，振动射冲防渗墙分别降低33%～43%。

该项目自2009年至2012年年底，部分项目统计的经济效益达5910.2万元。该项目成果对于水库渗漏防治、增加蓄水量、保障人民生命财产安全提供了重要支撑，社会、经济、环境效益显著，推广应用前景广阔。

主要完成单位：山东省水利科学研究院
主要完成人员：肖立生、高印军、李明、陶秀玉、姜旭民、谢文鹏、刘艳春、张联洲、李文博、焦乐辉、赵兴品、向东
单 位 地 址：山东省济南市历山路125号　　邮政编码：250013
联 系 人：陶遵丽　　联系电话：0531－86974344
传　　真：0531－86953030　　电子信箱：zunlitao@sina.com

成果名称：水利工程防渗膨润土防水毯
任务来源：水利部科技推广计划项目
计划编号：TG1062

该项目所用膨润土防水毯单位面积质量≥ 4800g/m²，膨润土膨胀指数≥ 24mL/100g，拉伸强度 600N/100mm，渗透系数≤ 5.0×10^{-11}m/s，耐静水压 0.4MPa，1h 无渗漏，滤失量≤ 18mL。并按照任务书内容完成了通济堰二支渠 1500m、防水毯铺设 3000m² 的渠堤生态型护坡（钠基膨润土防水毯）建设。渠道输水损失由 40% 下降到 5%；灌溉水利用系数由 0.286 提高到 0.462；解决有效灌溉面积 2.16 万亩，推广有效灌溉面积 8.1 万亩。

该项目实施后，每年可多为尾部灌区输水 440 余万 m³；恢复了灌溉面积 0.6 万亩，改善灌溉面积 1.36 万亩；解决了下湿田 0.2 万亩；增加人畜供水 70 万 m³；平均每亩增产 19kg，总增产 41 万 kg，人均增收 35.62 元，达到了预期效果。

该工程建成后，减少或杜绝滑坡现象的出现，保障了渠道的输水能力，对下游的工农业用水提供有效的保证。并为四川省各大灌区的生态绿化渠道工程提供了一个样板，具有明显的社会效益。同时，改善了沿渠生态环境，为灌区人民提供清洁、稳定、可靠的水源。

钠基膨润土防水毯作为一种新型科技新材料，具有防渗、耐久、易补的特性，并具有可直接在土层或混凝土基面上施工，铺设简单、施工方便、工期短的特点，本材料为天然无机材料，对人体和环境无害，属于环保类防水材料，具有广泛的推广和应用前景。

主要完成单位：四川省通济堰管理处
主要完成人员：倪修武、张茂华、雷雨来、胡平、万军、曾剑、唐德建、刘洪刚、王鑫、王霞
单位地址：四川省彭山县北外街 68 号　　邮政编码：620860
联系人：王鑫　　联系电话：028－37611432
传真：028－37621645　　电子信箱：tjykjk@126.com

成果名称：真空激光准直测坝变形系统

任务来源：水利部科技推广计划项目

计划编号：TG1070

该项目在吉林哈达山水利枢纽工程中推广“真空激光准直测坝变形系统”1套，共由23个测点组成，真空管道长约440m。

该项目主要技术指标均满足要求，其中分辨率为0.01mm、观测中误差为±0.2mm、漏气率＜5Pa/h、采集速度＜12s/(点·次)；与其他监测方案相比造价低、操作人员少、维护费用低，经济效益显著；项目实施过程中先后对业主开展了2次技术培训，并召开了3次推广交流会；公开发表论文1篇。通过该项目的实施，先后取得知识产权6项，其中包括发明专利1项、实用新型专利1项、软件著作权4项。

该系统在恶劣气象环境、特大洪水、地震等情况下仍可正常监测大坝的运行情况。尤其对于北方寒冷地区，通过该系统的实施可解决大坝变形监测项目的观测工作劳动强度大、工时长、数据连续性与实时性较差等诸多问题。

该项目以促进国内大型水利水电工程安全监测技术水平的发展与提高为目标，以大气激光测量技术为基础，通过完善的真空控制、高精度图像采集与识别及自动化控制等核心技术构建出一套高精度、全天候、全自动化的变形观测系统。该项目的成功推广与实施对于国内大型水利水电工程安全监测技术水平的发展与提高具有重要的意义，经济效益及社会效益显著，推广应用前景广阔。

主要完成单位：中水东北勘测设计研究有限责任公司

主要完成人员：徐岩彬、金正浩、苏加林、马军、李克绵、李俊富、孟中、姜盛吉、陈立秋、王科峰、彭立斌、王洪洋、王珍萍、于柏强、齐冀龙

单位地址：吉林省长春市工农大路888号　　邮政编码：130021

联系人：陈立秋　　联系电话：0431-85092083

传真：0431-85092000　　电子信箱：liq_chen@sina.com

成果名称：土石坝沥青混凝土防渗心墙低温施工技术

任务来源：水利部科技推广计划项目

计划编号：TG1071

该项目在高寒高海拔多震的西藏旁多水利枢纽示范工程推广应用，沥青混凝土心墙施工面积 $1000m^2$，并针对工程特点开展施工技术研究，进一步完善了土石坝沥青混凝土防渗墙低温施工设计方案，提高了碾压式、浇筑式、振捣式沥青混凝土施工质量和自动化程度，利用自主研发的刀式振捣器，解决了止水铜片连接处等关键部位施工技术难题，形成了土石坝沥青混凝土防渗心墙施工集成技术。

该项目将自主研发的振捣器与摊铺机械形成联动组合，创造了“土石坝沥青混凝土心墙插入式振碾施工方法”，简化了施工工艺，在各种温度（尤其低温）下，均能提高施工效率和施工质量，该技术和推广案例已被《土石坝沥青混凝土面板和心墙设计规范》(SL 501—2010) 采用。推广过程中，创新提出沥青混凝土抗渗试验方法，通过验证，该方法科学可靠，符合工程实际，已获得了“沥青混凝土抗渗试模（201220000665.9）”实用新型专利。

西藏旁多水利枢纽工程采用该项技术，每年延长沥青混凝土心墙有效施工期 3 个月，加快了整体施工进度，经济、社会效益显著。其集成技术有效提升了寒区土石坝沥青混凝土心墙施工技术水平，具有示范指导意义，推广应用前景广阔。

主要完成单位：中水东北勘测设计研究有限责任公司

主要完成人员：李艳萍、金正浩、王德库、孙荣博、苏加林、马军、马智法、段元胜、韩会生、陈立秋、刘清利、张建平、周晓江、毛春华、梁东业等

单 位 地 址：吉林省长春市工农大路 800 号　　邮政编码：130021

联　系　人：陈立秋　　联系电话：0431－85092083

传　　　真：0431－85092015　　电子信箱：liq_chen@sina.com

成果名称：灌区水库大坝安全微位移自动监测系统成果转化与示范

任务来源：国家农业科技成果转化资金项目

计划编号：2010GB23320644

该项目对核心技术“基于半导体激光—电荷耦合器件的微位移测量系统”、“大坝监测信息管理系统软件”进行成果转化，建设“灌区水库大坝安全微位移自动监测系统”示范基地。该项目核心技术产品是SGC—50型CCD光电式垂线坐标仪，它综合运用了光学、机械、电子、测量以及自动化方面的技术，仪器准确度达到0.05mm，分辨力达到0.002mm，与垂线、引张线配套使用，实现大坝微小水平位移的高精度快速自动测量，可代替现在使用的电容式、电感式、步进电机式等传统自动化测量仪器。

该项目主要是对观音阁水库大坝的水平微位移进行监测，采用SGC—50型CCD光电式垂线坐标仪，在原系统中布置有步进光电式垂线坐标仪的测点处同时布置CCD光电式垂线坐标仪，保证相互之间不会引起干扰，同时可以相互校验。

SGC—50型CCD光电式垂线坐标仪主要技术指标：

量程	双向50mm
测量精度	≤0.05mm
分辨力	0.002mm
重复性	≤0.01mm
遥测距离	200m（仪器与测控装置MCU之间的距离）
工作环境	温度-20～50℃
	湿度95% RH
平均无故障时间	MTBF≥15000h
通信接口	标准RS485数字信号、0～5V模拟电压量输出
功耗	CCD仪器不测量时断电，测量时仪器端工作电流≤350mA（MCU待机职守电流12mA，断电待机20d）
仪器尺寸	长：345mm　宽：345mm　高：105mm

该科技成果转化推广后可为水库大坝安全监测提供先进的监测手段和成熟的配套技术，提高监测精度、减少人为误差，提高了工作效率、减轻劳动强度，为水库大坝安全运行提供了可靠的技术保障，经济社会效益显著，应用前景广阔。

主要完成单位：南京水利水文自动化研究所
主要完成人员：徐国龙、李家群、储华平、周克明、陆纬、方卫华、吴健琨、王海妹、李东
单位地址：江苏省南京市雨花台区铁心桥大街95号　邮政编码：210012
联系人：范春燕　联系电话：025-52898315
传　真：025-52891220　电子信箱：fanchunyan@nsy.com.cn

成果名称：小流域坝系监测评价技术研究

任务来源：水利部公益性行业科研专项经费项目

计划编号：20070142

该项目选择了黄土高原不同水土流失类型区 12 条小流域坝系布设水沙和雨量监测点、泥沙淤积和效益监测点；在 2006 ～ 2010 年进行了工程建设动态监测、拦沙蓄水监测、坝地利用及增产效益监测、坝系工程安全监测等；研究了小流域坝系监测评价指标及技术方法，建立了小流域坝系监测指标体系；开发了小流域坝系监测评价数据管理信息系统；选择内蒙古准格尔旗西黑黛小流域坝系为评价案例，系统展示了小流域坝系监测的数据采集、数据组织、分析评价的全部过程。

该项目主要研究成果有：

（1）建立了包括小流域坝系监测的基本内容、指标、方法和监测成果的小流域坝系监测技术体系，对小流域坝系监测数据进行了规范。

（2）建立了小流域坝系评价技术体系。

（3）建立了小流域坝系监测地理信息系统。

（4）对西黑岱小流域坝系进行了评价示范。

该项目主要创新点为：建立了包括小流域坝系监测的基本内容、指标、方法和监测成果的小流域坝系监测技术体系，对小流域坝系监测数据进行了规范；建立了小流域坝系评价技术体系；建立了小流域坝系监测地理信息系统。

该项目提出的小流域坝系监测的指标和评价技术指标，推广应用于甘肃、陕西等省的小流域坝系工程建设动态监测、拦沙蓄水监测、坝地增产效益监测、坝系安全运行及效益评价中，为科学合理的评价坝系工程建设效益提供了依据；通过黄土高原不同类型区小流域坝系监测，建立的坝系监测数据库，基于地理信息系统开发以沟道水文泥沙、侵蚀动态、坝系淤积、安全稳定等为主要内容的小流域坝系监测评价系统，应用于青海省、宁夏回族自治区等省、自治区小流域坝系工程建设动态监测、拦沙蓄水监测、坝地增产效益监测、坝系安全运行及效益评价中，为评价坝系工程建设效益提供科学依据。该研究成果在黄河水利委员会主持修编的《黄河流域综合规划》和《黄河粗泥沙集中来源区拦沙工程一期项目监测可行性研究》中得到应用，被黄委批复的《黄河中游重点支流水土遥感监测技术和典型小流域水土流失监测》项目实施中得到应用。

该项目提出的小流域坝系监测技术体系为以后小流域坝系监测的数据规范化组织奠定了基础；小流域坝系评价技术体系具有充分的实践性，对于小流域坝系建设、管理等工作具有重要的指导意义。研究成果应用于小流域坝系动态监测后，将会极大地提高工作效率，取得重大经济效益和社会效益。

主要完成单位：黄河水土保持生态环境监测中心

主要完成人员：何兴照、喻权刚、王富贵、马安利、曹炜、赵帮元、王略、董亚维、殷宝库、陈桂荣、郭玉涛、马红斌、刘乐融、柏跃勤、马宁等

单位地址：陕西省西安市凤城三路 200 号　邮政编码：710021

联系人：王略　联系电话：029-82118299

传真：029-82118214　电子信箱：tiange1105@163.com

成果名称：双星卫星定位大坝安全自动监测系统应用

任务来源：水利部“948”计划项目

计划编号：200924

该项目引进瑞士徕卡的双星卫星定位大坝安全自动监测系统一套，包括GNSS基准站、监测站、Spider控制和解算软件、GeoMos分析软件。消化吸收了系统的工作原理及核心控制软、硬件的使用方法，掌握了双星卫星定位大坝安全监测技术。结合广东省郁南县都城大堤的特殊应用环境，提出了实施方案并成功组建2（基准站）+4（监测站）GNSS堤防变形监测系统，应用效果良好。研究及创新的主要内容有：

（1）研究了双星卫星定位大坝安全监测系统工作原理。

（2）进行了堤防GNSS监测系统应用设计及实施方案研究。

（3）实现了GNSS监测系统数据的无线传输。

（4）研究解决了GNSS监测系统的防雷问题。

（5）研究实现了系统的远程登录管理和查询等功能。

郁南县都城大堤由原白木大堤、县城新堤防及鹅公冲堤组成，堤内控制集雨面积24.51km²，是捍卫县城和都城镇1.3万亩耕地、18亿工农业总产值、7.4万人口生命和财产的重要堤防工程。都城大堤GNSS监测系统的建立能全天候自动监测大堤的变形，及时、准确地掌握堤防安全性态，指导安全运行管理，为大堤的安全运行管理增添了新的现代化手段，具有重要的实用价值和经济社会效益。

（1）提高了变形连续观测数据的可靠性和适用性，准确掌握堤防变形性态。

（2）实现了安全监测远程控制和自动化管理、数据自动解算和限差超限自动报警等功能。

（3）实现了无人值守自动化监测，减轻监测负担，降低人力成本。

该项目通过引进国外先进的设备、消化吸收、创新转化为适应我国的大坝安全监测技术，为我国水利现代化事业服务。系统的运行能及时、准确获取大坝安全性态数据，适应大坝安全监测向着数据获取自动化、数据处理模型化、分析评判智能化、结果输出可视化、数据传输和管理网络化的方向发展，经济效益和社会效益明显，具有很好的推广应用前景。

主要完成单位：广东省水利水电科学研究院、郁南县水务局

主要完成人员：杨光华、张君禄、廖文来、陈晓文、胡汉林、黄锦林、莫国强、严辉武、涂家山、胡小杰、王炯传、黄建彬、谢恒才

单位地址：广东省广州市天河区天寿路116号　　邮政编码：510610

联系人：黄锦林　　联系电话：13926015548

传真：020-38036862　　电子信箱：hjl@gdsky.con.cn

成果名称：3D–Tracker 实时三维变形监测技术
任务来源：水利部“948”计划项目
计划编号：201012

该项目引进美国 3D-Tracker 实时三维变形监测系统，包括 GPS 测站、GPS 接收机、无线电波中继站及 3D-Tracker 软件等，是利用载波相位双差分和卡尔曼滤波技术（全球独有的三差分）测算的 GPS 测量技术。

该项目系统配置单频或双频 GPS 测量装置（或两者都有），布置在被测目标物上的 GPS 测量装置采用太阳能板提供能源，测点位置 GPS 天线接收卫星数据并由其发射装置通过无线电波可以将数据传递到数十公里以外的 3D-Tracker 实时三维变形监测系统接收装置，采用系统配置的无限电波中继站进行传递其数据发送和接收距离可达数百公里。在中心计算机上运行程序，集中处理整个系统中全部 GPS 接收机数据，执行独有的三差量测算法（载波相位双差分和卡尔曼滤波技术）， 采用非取整技术，能够消除虚假方位波动影响，实现了 GPS 实时监测数据的毫米级精度的三维变形监测。可以进行多线程处理，同时得到高精度的长时间测量结果和实时测量结果，包括实时位移显示，经度、纬度、高程及总位移历史位移显示，历史位移速率显示，误差和误差评估，基线解算结果。该系统还可以根据用户自行定义自动报警，报警可以通过书面或邮件发送。该系统充分利用计算机网络技术，实现了无人值守，远程访问，通过网络实时自动监测，特别适合监测人员难于靠近的危险地点、地质灾害等的自动监测。在引进的基础上开展了适应我国水利工程安全监测的 GPS 测量系统的安装和调试方法、监测技术、远程控制、数据传输和数据处理分析技术试验研究，提出了适合我国水利工程和地质灾害安全监测的全天候 GPS 动态监测技术和方法。

应用该技术，可以实现表面变形全天候自动监测，实时动态精度可达毫米级，效率高，监测数据可远程传输，成果可靠，不受天气和地形影响，具有良好的抗干扰性和保密性，可以节省工程测量和大地测量中大量人力物力。在偏远地区、环境恶劣地区水利工程测量及大地测量，地震、滑坡、堰塞体等突发地质灾害监测方面有广阔应用前景。该项目已在新疆克孜尔水库除险加固工程中得到广泛应用。

主要完成单位：南京水利科学研究院、新疆克孜尔水库管理局
主要完成人员：何宁、王国利、何斌、钱亚俊、汪璋淳、李登华、周成、娄炎、周荣官、夏新利、张宏科、陶茂松、倪明、陈超、翟世龙
单位地址：江苏省南京市广州路 223 号　　邮政编码：210029
联系人：何宁　　联系电话：025–85829559
传真：025–85829540　　电子信箱：nhe@nhri.cn

成果名称：中小型水库信息采集传输关键技术

任务来源：水利部“948”计划项目

计划编号：201025

中小型水库的洪水测验和安全防护关系着城市周边城乡的发展，对水资源的需求和对防汛安全的影响日益敏锐。为确保中小型水库和周边地区水资源合理运用，开展中小型水库信息采集传输关键技术的研究，建设市、区（县）中小型水库防汛测报和安全监测试点，实现中小型水库基础信息和水资源自动化采集传输与分析评估系统，便于中小型水库应急决策和指挥调度。

项目通过引进具有世界先进水平的雷达式和气泡两种水位信息采集设备，经过消化吸收，形成了具有自主知识产权的中小型水库信息采集、传输关键技术，并在南京市江宁区示范建设中小水库信息采集传输系统（1个水情分中心、6个水库水情遥测站）；采用计算机技术，通过公网实现了数据自动传输；信息采集和传输准确性与畅通率达到考核指标要求。

该项目将解决市、区（县）范围多点面及偏僻条件下的水库防汛和水资源综合应用问题，并选择下游为重点保护集镇的代表性中小水库开展试点，再逐步推广应用。引进消化无测井水位采集专项技术，应用于中小水库现有条件下的水情测报和安全监测，为工程避险和调度指挥提供决策依据，有广阔的推广应用前景。

主要完成单位：南京市水利局、水利部南京水利水文自动化研究所、南京市江宁区水利局
主要完成人员：吴永新、王吉星、彭海鹰、徐亮、高军、杨华、李承、潘春平、刘伟、王用红、何辉
单位地址：江苏省南京市鼓楼区汉江路6号　　邮政编码：210036
联系人：何辉　　联系电话：025-52367823
传真：025-52367823　　电子信箱：d6663@163.com

成果名称：混凝土冰害劣化测试系统
任务来源：水利部“948”计划项目
计划编号：200914

该项目利用引进的CDF冻融试验机及现有其他设备，建立了“混凝土冰害劣化测试系统”，提出了全方位、多角度研究混凝土抗冻性的试验方法，并利用该系统取得了以下系列成果：

（1）揭示了CDF冻融试验法与快冻法的对应关系，CDF冻融试验法周期短，能够快速高效判断迎水面混凝土工程抗冻耐久性，可用于混凝土抗冻性工程质量检测。研究结果显示，与快冻法相比，单面盐冻法中盐溶液加快了混凝土受冻破坏速度，缩短了试验周期，可节省86%～89%的试验时间，同时减少了试验能耗，带来可观的经济效益。而且采用单面盐冻法替代快冻法，在施工过程中可以更快速、及时地检测混凝土抗冻性，进而评定工程的施工质量，指导施工。

（2）针对已经建设完成的工程，在混凝土抗冻性能尚没有试验方法和评价依据的情况下，进行了单面冻融法芯样抗冻性试验探索，发现采用单面盐冻法进行已建工程混凝土芯样抗冻性测试，可以克服快冻法进行芯样抗冻试验的局限性，具有无法比拟的优越性。在此基础上创建了混凝土芯样单面盐冻试验方法，该方法可对建设期和运行期工程混凝土抗冻耐久性进行评价。为今后我国大量已建工程混凝土抗冻性检测提供参考。

（3）通过对碾压混凝土原材料优选、配合比优化设计及拌和工艺调整，获得能够满足高抗冻性要求的碾压混凝土，可以指导我国广大寒冷地区碾压混凝土施工。

研究成果已经在丰满电站全面治理工程和西沟水库除险加固工程中得到成功应用，社会经济效益显著，推广应用前景广阔。

主要完成单位：中水东北勘测设计研究有限责任公司
主要完成人员：王德库、苏加林、马军、李艳萍、叶远胜、杨成祝、李中田、段元胜、王科峰、韩会生、周晓江、黄如卉、隋伟、雷秀玲、陈立秋
单位地址：吉林省长春市工农大路800号　　邮政编码：130021
联系人：陈立秋　　联系电话：0431-85092083
传真：0431-85092000　　电子信箱：liq_chen@sina.com

成果名称：CorroWatch钢筋混凝土结构腐蚀监测系统

任务来源：水利部“948”计划项目

计划编号：201040

该项目从丹麦引进CorroWatch钢筋混凝土结构腐蚀监测系统一台套，经大量试验、改进、应用等研究工作，现已能准确、快速、稳定地完成对现役钢筋混凝土结构的腐蚀监测任务。

在引进的基础上，开展相关资料整理、室内研究试验和现场测试、分析工作，经消化吸收，对腐蚀传感器接线节点进行改进，获国家实用新型专利一项。

传感器的两种几何结构形式，使其可方便地用于预埋或后装；传感器可分辨毫伏级的电位波动、千分之一毫安级的电流波动，能灵敏地捕捉到腐蚀因素的侵蚀，参比电极性能可保持长年稳定，耐酸碱等恶劣环境，与传感器配套，为其提供参比电位。集线节点经研发、改进，可用于热插拔，操作快捷，性能稳定。数据处理系统支持多线程，可同时监控多个节点，并将各节点数据即时整理输出、保存。

利用该技术对多个水利工程及工业厂房现役钢筋混凝土结构进行持续腐蚀监测，经反复验证，监测数据可靠、合理，为后续钢筋混凝土结构腐蚀数据库的完善提供有力支持，具有较好的推广应用前景。

该项成果解决了混凝土内钢筋腐蚀情况难以检测与监测的问题。通过定期或不定期对腐蚀情况进行监测，为维护和维修提供科学依据，以便采取相应的处理措施，消除安全隐患，从而取得较好的经济效益和社会效益。

主要完成单位：安徽省水利部淮河水利委员会水利科学研究院

主要完成人员：张今阳、崔德密、吕列民、罗居刚、郑继、高修、徐善杰、郎洪生、潘强

单 位 地 址：安徽省蚌埠市治淮路771号　　邮政编码：233000

联 系 人：张今阳　　联系电话：13605523751

传　　真：0552-3058844　　电子信箱：13605523751@139.com

[五、农村水利]

成果名称：“四水”转化水文模型在淮北平原应用推广

任务来源：国家农业科技成果转化资金项目

计划编号：2010GB23320640

该项目选择在安徽省宿州市埇桥区灰古镇八张村进行中试推广，其中核心示范区 810 亩，中试转化区 3230 亩，辐射区为整个新汴河灌区（近 32 万亩）。结合中试转化区水文、气象、下垫面（包括农田水利工程）等条件，利用“四水”转化模型和“四水”定量关系成果率定作物生育期调控灌溉水分控制、蓄雨指标，并与已有研究成果对比验证，确定完善的指标体系；制定技术操作规程，印发宣传材料，专家现场指导，建立技术培训体系；编制科学的灌溉计划，合理调控田间土壤水分，提高土壤水有效利用率，并进行土壤水和地下水位监测系统和数据库建设，与灌区灌溉调度技术结合，研制调控灌溉管理系统。

该项目取得的主要成果指标有：示范推广面积 4040 亩，培训 360 余人，每亩节水率 15% ～ 20%，增产率 7% ～ 8%，亩均增产量约 50 ～ 80kg，亩均节省灌水量 10 ～ 30m^3，两年累计增产约 60 万 kg，节水约 60 万 m^3，实现销售收入约 650 万元，净利润 65 余万元。

该项目实施后，实现了高效利用土壤水、有效调控地下水、适时适量灌水增产，达到了合理开发和高效利用水资源、综合治理旱涝灾害的目的。对于进一步提高田间水的利用效率，挖掘粮食生产的潜力，保障农业增产增收，以及促进田间水的合理转化，具有重大意义，推广应用前景广阔。

主要完成单位：安徽省水利部淮河水利委员会水利科学研究院

主要完成人员：王振龙、李瑞、王加虎、刘猛、范晓君、陈小凤、章启兵、钱筱暄、胡军

单位地址：安徽省蚌埠市治淮路 771 号　　邮政编码：233000

联 系 人：王振龙　　联系电话：0552-3051542、0551-5771140

传　　真：0552-3051542　　电子信箱：skywzl@sina.com

成果名称：现代农业节水抗旱关键技术推广

任务来源：水利部科技推广计划项目

计划编号：TG1055

该项目针对山东省水资源紧缺和气候干旱等制约农业生产的因素，集成和凝练已有的农业节水单项技术成果，针对现代农业发展的需求，在山东省的山丘区和平原井灌区，对现代农业节水抗旱关键技术进行示范推广，进而熟化成适宜的现代农业节水抗旱技术模式。

该项目共推广应用面积5300亩，其中桓台县平原井灌区4200亩、泗水县山丘区1100亩。建成200亩现代农业灌溉与抗旱信息化技术推广示范区。

该项目采用节水抗旱综合措施后，作物的品质和产量均有大幅提升，节水增收效果显著。据测算，泗水县项目区粮田喷灌增产14%，水分生产率提高52%；果园增产25%，水分生产率提高22%；桓台县项目区粮田增产12%，水分生产率提高23%，平原井灌区节水26%。项目完成后，两个项目区农民综合效益增加17.5%。

利用该项目作为人才培养场所和平台，培养了在职博士生1名、硕士生2名。在示范区大力宣传技术成果，结合山东省小型农田水利重点县建设，项目组编写了《节水灌溉工程技术要点》和《山东省小型农田水利工程建设建设技术手册》作为技术培训教材，结合项目成果在全省范围内介绍、推广，两年来共组织技术培训360余人次，宣传效果显著。

该项目从水源建设、工程节水、农艺节水和管理节水等方面进行研究，并总结了山丘区和平原区的特点，在对管道灌溉、喷灌、微灌和农艺节水的关键技术的研究集成基础上，形成了“山丘区现代农业节水抗旱技术体系”和“平原井灌区现代农业节水抗旱技术体系”，为我省小型农田水利重点县建设提供了技术支撑，并得到大面积应用，对于我省缓解日益紧张的水资源形势和抵御频发的旱灾，保障粮食安全，具有重大的意义，社会、经济和环境效益显著，推广应用前景广阔。

主要完成单位：山东省水利科学研究院

主要完成人员：吕宁江、于晓蕾、孙力、黄乾、陶遵丽、李秀荣、高文、田辉、姜丽丽、孟倩、苏学伟

单位地址：山东省济南市历下区历山路125号　　邮政编码：250013

联系人：陶遵丽　　联系电话：0531-86974344

传真：0531-86953030　　电子信箱：zunlitao@sina.com

成果名称：农业抗旱节水用多功能拌种剂
任务来源：水利部科技推广计划项目
计划编号：TG1049

该项目在江西省种粮大县南昌县、进贤县和奉新县等地对粮食作物水稻进行试验测试和示范推广。推广技术为具有作物生长所需的多种微量元素及生长调节、杀菌、壮苗、抗旱、节水等功效的农业抗旱节水用多功能拌种剂。

“农业抗旱节水用多功能拌种剂”采用了制剂渗透和种子内吸的技术理念，是经过长系列的系统研究、功能不断升级、使用技术日趋完善的一项科研成果。经示范推广，该项成果具有显著的抗旱节水、增产增效、清洁环保等综合效果。同时，据科技成果查新报告显示，该成果的技术理念、技术特性与作用机理等方面的研究，国内外未见有相关文献报道，具有较强的创新性。

该项目推广应用面积22万余亩。通过配套小型生产设备，使农业抗旱节水用多功能拌种剂日生产能力达到1万包，产品原料混装均匀、剂量标准、质量优良，满足了项目推广应用用量和质量需求。经测定，双季早、晚稻平均节水11.9%，平均增产6.7%，增产节支效益达2452万元。

该项目对于水稻抗旱节水增产具有十分重要的现实意义。农业抗旱节水用多功能拌种剂具有显著的抗旱、节水、增产功能，使用方法简便、成本低、效益高，可广泛应用于主要稻作区节水抗旱，社会、经济和生态效益显著，推广应用前景广阔。

主要完成单位：江西省灌溉试验中心站
主要完成人员：许亚群、刘方平、王少华、才硕、梁举、旷宗夏、柳根水、时红、黄永忠、邓海龙、杨文祥、谢文韬、曾春芝
单位地址：江西省南昌市高新开发区发展路2号　　邮政编码：330096
联系人：刘方平　　联系电话：0791-86156817
传真：0791-86156811　　电子信箱：lfp@gfpy.com

成果名称：抗旱用管道式灌溉系统关键设备成果转化

任务来源：国家农业科技成果转化资金项目

计划编号：2010GB23320635

该项目在原有研究成果的基础上，对PKX铝合金球形快速接头和旋杯式农用水表进行了改进和完善。改进了球形快速接头结构与加工工艺，自泄压力达到0.15MPa，偏转角达到30°，提高了产品应用的可靠性和方便性。优化了旋杯式农用水表叶轮和导流板结构，测流误差小于5%。

该项目关键技术与技术难点：球形快速接头密封圈材料配方和结构设计；快速接头挂钩结构优化；旋杯式农用水表叶轮和导流板的结构改进。

创新点：虚实相间，兼具密封、自泄与限位三种功能为一体特殊密封圈，为球形接头增加了压力下降时自泄功能；采用的四连杆结构，左右偏转角达30°，适应地形能力强；采用铝合金材料和铸造工艺，提高了防腐能力，减少了环境污染。旋杯式农用水表具有水头损失小，抗堵塞能力强，测流精度高，经济实用，与灌溉管道连接方便等特点。

经过两年的实施，较好地完成了合同规定的各项技术指标和经济指标。开发的新产品经质检部门检测和应用考核，其性能均达到相关标准和规范之要求。PKX型铝合金球形快速接头拆装用时少于1min，偏转角距中轴线达到±30°，保压5min接头处无泄露，在压力下降到0.15MPa时开始自泄；旋杯式农用水表的流量范围为5～60m^3/h，测流精度误差不大于5%。产品基本实现系列化和标准化，在抗旱灌溉、管道和生态灌溉中得到应用两年来，通过项目的实施，生产产品1.05万套，实现销售收入87万元，利税总额23.4万元，技术服务收入10.5万元。

该产品作为管道式灌溉系统的主要配套产品，可用于国产同类型产品的更新换代及部分替代国外产品，其推广应用可降低工程造价。项目执行期内，建立生产线1条，新增就业人数10人。在山西太原宇文村、河南许昌县举行培训班5次，培训35人。项目在山西太原宇文村示范应用300亩、并在河南许昌市推广应用1000亩，经过两年在山西太原宇文村、河南许昌县示范区运行测算可节水20%，带动农民增收15万元。

主要完成单位：水利部农田灌溉研究所
主要完成人员：李金山、郭志新、段福义、刘杨、杨跃辉、李辉
单位地址：河南省新乡市牧野区宏力大道380号　邮政编码：453002
联系人：李金山　联系电话：0373-3393248
传真：0373-3393248　电子信箱：lijinshan72@126.com

成果名称：振动深松旋耕灭茬蓄水保墒机
任务来源：水利部科技推广计划项目
计划编号：TG1042

该项目在黑龙江省的青冈、安达等地推广应用振动深松旋耕灭茬蓄水保墒机 15 台套，推广应用面积 7 万亩，节水 327 万 m^3，节燃油 2.38 万 L，农业增收 729 万元。召开现场会 2 次，技术培训会 1 次；取得振动式木薯挖掘起获机实用新型专利 1 项，发表论文 5 篇。

每年多涵蓄降水 60 ～ 80mm；作物增产 10% 以上；当年使寸草不生的盐碱地恢复植被覆盖度达 80%，第二年可使植被覆盖度达 100%；亩节省燃油 0.34L，实现了自然环境污染基本上零排放；起获块根茎类作物，如甘草亩节省人工费 900 多元，且挖净率和完整率均超过 95%。增加作物产量 538.02 万 kg，农业新增效益 728.49 万元；节油 16.52 万元（6.94 元 /L ）；增加降水资源利用 327 万 m^3（按平均 70mm 计）；工业生产获利税约 10 多万元；改良的盐碱化草原第一年能达到产干草 80 ～ 100kg，第二年达到产干草 300 多 kg，且使盐碱化特别严重的草原植被得到完全恢复。

该项目技术的创新点在于能够适合我国贫瘠的土地（尤其坚硬的盐碱土），且具备多种功能，可以同时实现深松改土、旋耕灭茬、起垄镇压等高效联合作业，还可以起获块根茎类作物。

该项目成果对缓解严重的季节性缺水干旱具有重要意义。振动与不振动作业比较，可降低牵引阻力 20% ～ 25%，节能效果明显。提高地温 2 ～ 3℃，提高了微生物的活动能力，加速被粉碎的秸秆、根茬等有机物质的分解，使土壤中养分的含量增加，肥力提高，促进作物生长，提高作物产量。一机多用高效作业。

该项目技术先进，功能多样、造价低廉等；通过深松改土、蓄水保墒技术，就能够使土壤涵蓄降水，减少地面径流，达到充分应用天然降水，保护水土资源，最终实现深松改土、蓄水保墒，发展雨养农业，保护、高效利用现有的水资源，修复生态环境，提高粮食的产量和质量。除黑龙江省十几个市县推广应用外，在我国东北、西北和华北地区和南方部分地区现已开始推广应用。

该项目的经济、社会、生态效益显著，推广应用前景十分广阔。

主要完成单位：黑龙江省水利科学研究院
主要完成人员：孙彦君、司振江、黄彦、李芳花、滕云、王柏、于洋、王兰冰
单 位 地 址：黑龙江省哈尔滨市南岗区延兴路 78 号　　**邮政编码**：150080
联 系 人：孙彦君　　**联系电话**：0451—86689253
传 真：0451—86689241　　**电子信箱**：hljskynt@163.com

成果名称： 仿生灌溉系统产品中试与示范

任务来源： 国家农业科技成果转化资金项目

计划编号： 2010GB23320637

仿生灌溉系统是将膜技术中半透膜渗透压原理引入灌溉领域，依靠地下半透膜管内外水势差来驱动灌水，实现灌溉供水过程与植物生长吸水过程完全同步的灌溉模式。

该项目中试与转化后，成果包括石化大田灌溉用的微润管（MP管）及其配套管件；适合沙漠和干旱地区绿化用的仿生灌溉袋（MR）灌溉产品及配套管件；适合家庭或庭院盆栽植物用的MS无人值守仿生灌溉产品及配套管件。该项目中试与转化后，生产能力达到年产MP管500万m，并形成与之配套的管件生产能力。

该项目对仿生灌溉系统的核心产品——MP管进行中试转化，形成MP管生产线8条及其配套管件生产设备和模具，达到年500万m的生产能力；开发完善了适宜于沙漠或干旱地区绿化应用的仿生灌溉袋（MR）和用于家庭盆栽植物自动灌溉产品系列（MS）。

该项目执行期间，在北京建立示范园1处；在广东、海南、陕西、山东、内蒙古等地示范推广2020亩，并通过代理商在澳大利亚和博茨瓦纳等国推广3060亩；实现销售收入486万余元、净利润87万余元，上缴税金33万余元；举办培训班4期，培训国内外相关技术和管理人员150人次。

该项目经济、社会效益显著，推广应用前景广阔。

主要完成单位： 中国灌溉排水发展中心

主要完成人员： 吴玉芹、史湘琨、高宏洲、顾涛、龙海游、王慕群、魏原青、李涛、李兆增、靳小慧、赵妍

单位地址： 北京市西城区广安门外南街60号　　**邮政编码：** 100054

联系人： 赵妍　　**联系电话：** 010-63203203

传真： 010-63203203　　**电子信箱：** 308390541@qq.com

成果名称：新型农用超声波计量管理系统
任务来源：国家农业科技成果转化资金项目
计划编号：2009GB23320490

该项目系统是以新型超声波流量计作为计量设备，结合 IC 卡技术对农用井进行管理的综合性用水计量管理系统。该系统为我国农村水资源管理和节约用水提供了可靠的手段，改善了我国农灌井没有合适计量设备或计量设备易损坏、破坏现象严重等问题，使数量庞大的农业用水有了合适的计量管理设备，有利于实施农村水资源管理，减少用水纠纷，促进节约水资源；使用该项目成果可降低管理部门的劳动强度，计量统计结果可为水务政策的制定提供依据，计量设备可为水务政策的推广提供技术手段，促进农业节水事业的发展。

该项目于 2009 年 6 月正式立项实施，技术转化期两年，转化后的系统存储用户用水记录达到 4000 条；计量等级达到 1.0 级；系统符合 Q/140000XYX-005-2008 标准且通过了省部级计量器具制造许可批准和产品质量认证。项目实施期间设备的销售推广达到 373 台套，销售收入达到 121.01 万元，净利润达 47.65 万元，缴税总额 22.54 万元，举办培训班 3 期，培训基层技术人员 130 人。

使用该项目成果可创造良好的社会效益和经济效益，将拥有广阔的市场空间。

主要完成单位：中国灌溉排水发展中心
主要完成人员：史湘琨、樊贵盛、孙志毅、常春波、王彦军、孙炯、靳小慧、边新洋
单 位 地 址：北京市西城区广安门外南街 60 号　　邮政编码：100054
联　系　人：边新洋　　联系电话：010-63203237
传　　　真：010-83547615　　电子信箱：bianxinyang@126.com

成果名称：农业精准灌溉用水管理系统成果转化

任务来源：国家农业科技成果转化资金项目

计划编号：2010GB23320639

该项目由长江科学院与武汉大学共同承担，通过遥感旱情监测技术和灌溉用水决策支持技术在湖北省漳河灌区的中试转化取得成功应用，形成一套适宜于南方典型灌区水资源优化调度的农业精准灌溉用水管理系统，在农田干旱遥感监测模型、实时灌溉预报技术和灌溉用水管理系统方面具有一定的创新性，能够指导大中型灌区灌溉用水调度实践。

该项目完成示范推广面积1万亩，建立实验示范区1个，实现粮食增产20万kg、净利润20余万元、技术服务收入40万元、毛灌水定额减少15m^3/亩。项目形成软件系统1套，获得软件著作权1项，核心期刊上发表论文5篇，培训农村技术员50名，培养博士生1名、硕士生3名，均达到或超过项目预期目标。

该系统在湖北省漳河灌区成功运行两年，在不改变现有灌溉系统的情况下，合理利用灌溉水资源，实现节水与增产“双赢”，增加农产品产量，提高农民收入，减少农村面源污染，改善农村生态环境，具有很好的社会、经济和生态效益，该系统开放性好，适用性强，具有广阔的推广应用前景。

主要完成单位：长江科学院、武汉大学

主要完成人员：陈蓓青、李喆、崔远来、张穗、陈鹏霄、黄俊、申邵洪、宋丽、张治中、向大享、夏煜

单位地址：湖北省武汉市黄浦大街23号　　邮政编码：430010

联系人：李喆　　联系电话：027-82926550

传真：027-82820076　　电子信箱：lizhe@mail.crsri.cn

成果名称：灌区流量控制与精确计量技术
任务来源：水利部科技推广计划项目
计划编号：TG1033

该项目是在灌区量水领域推广和转化流量精确计量技术。它涵盖水位测量技术、远程无线遥测技术、MCGS组态软件技术等。推广实施时，在灌区管理处设置计量中心，在干渠或支渠上选取计量采集点，利用无线组网技术进行远程计量。技术成果在灌区进行推广转化后，计量会更加精确，数据采集实现实时传输。末级渠道流量监测精度提高到10%以内。

该项目在安徽省凤台县永幸河灌区内以点面结合的方式，选取典型涵闸和明渠进行流量监测和计量系统管理开发，推广和应用了明渠流量精确计量技术、精密水位测量技术、远程无线遥测技术、MCGS组态软件等技术。配置太阳能供电设施，实现了灌区末级渠系量水自动监测的目标。

该项目在永幸河灌区示范应用面积1万亩；流量检测精度达到4.5%；流量数据采集周期最短为10秒；发表论文3篇，获得实用新型专利1项，软件著作权1项，现场培训系统操作人员3名，培养青年技术人才4名。

该项目技术的推广，实现了灌区用水管理精细化、自动化，减轻管理人员劳动强度和节省人力成本。同时，也实现灌区农作物的按需供水，合理配水，保证了作物最佳生长状态，促进节约用水、科学用水，提高了用水效率，促进了农业的增产增收，经济、社会效益显著，推广应用前景广阔。

主要完成单位：水利部淮河水利委员会水利科学研究院
主要完成人员：马浩、尹文莉、孙晶晶、蔡华、王来顺、刘超
单 位 地 址：安徽省蚌埠市治淮路771号　　邮政编码：233000
联 系 人：马浩　　联系电话：0552-3061753
传 真：0552-3058844　　电子信箱：sdzdh@vip.163.com

成果名称：灌区水管理信息化技术集成

任务来源：水利部科技推广计划项目

计划编号：TG1031

该项目在“灌区水管理信息化技术集成与示范研究”科技成果的基础上，进一步开展成果转化与示范工作，并在江苏苏北平原皂河灌区推广应用。通过计算机技术、自动控制技术、网络技术、通信技术和水资源优化调度技术，进行系统集成，实现灌区的渠系配水优化、精准控制，提高作物产量和灌溉用水利用率。推广后的成果技术易于操作，节水增产效果明显，容易为灌区所接受。

在江苏省皂河灌区建设了灌区水管理信息化系统，实现了对灌区水雨情、田间小气候、土壤墒情、水质等信息的实时监测，能全天候监测与监控灌溉用水情况，及时掌握干渠或支渠灌溉水量分配状况。经过一年多的试运行，系统技术成熟先进、安全可靠、运行稳定、经济实用，经过人工比测和各项考核，监测结果符合任务书及规范规定的各项技术指标。

该项目通过灌区水管理信息化系统对灌区灌溉用水过程的基本优化调度与配水，灌区年平均节水200万m^3以上，每年可节省翻水费用约30多万元，减轻了农民的水费负担，经济效益、社会效益显著。系统及配套设备已实现产品化，起到了示范作用，能批量生产，可在全国推广应用。

主要完成单位：南京水利水文自动化研究所
主要完成人员：陈俊、陈光胜、叶嘉骏、姚春捷、王湛、范春艳、吴秋明
单 位 地 址：江苏省南京市雨花台区铁心桥大街95号　　邮政编码：210012
联 系 人：陈敏　　联系电话：025-52898316
传 真：025-52898315　　电子信箱：chenmin@nsy.com.cn

成果名称：枢纽、灌区泵站 CIMS 的应用推广

任务来源：水利部“948”计划项目

计划编号：201041

该项目创新提出了水利现代集成管理系统（CIMS）理论框架，以此为指导，在茨淮新河上桥枢纽原有集成化应用的基础上，扩大系统的集成和应用范围，构建了具有流域级协同管理能力的茨淮新河现代集成管理系统（CIMS）体系，并开发了茨淮新河 CIMS 系统应用软件，同时完成了茨淮新河 CIMS 系统的产品化封装。

该项目成果的创新性和先进性主要体现在：

（1）基于 CIMS 理论和多级枢纽协同管理技术，实现了具有流域级协同管理能力的 CIMS 体系。

（2）将 BI（商业智能）技术与传统 CIMS 技术结合，实现了多级协同决策分析。

（3）基于消息驱动的异步通信，实现了对枢纽工程调度工作流的整合和优化。

（4）基于数据挖掘技术和 CDT 规约，实现了对泵站等运行调度的远程监控。

（5）基于防洪动态仿真技术和数据挖掘技术，实现了动态洪水演进分析建模和水情、工情的动态实时仿真。

（6）基于 SOA 和 J2EE 技术，研制了水利枢纽信息化工程应用软件系统，并进行了产品化封装。

项目实施完成后，在茨淮新河工程管理局信息中心进行了安装、部署，并应用于上桥枢纽、阚疃枢纽、荆山湖进退洪闸。目前，该系统运行稳定，系统功能满足应用单位的各项需求。该系统的建成和使用，增强了应用单位日常工作的标准化和规范化，通过优化工作流提高了各种操作指令的上传下达速度。同时，提高了多级枢纽的协同管理能力，提高了水资源调度配置的效率和决策分析的能力。

该项目成果的经济和社会效益分析如下：

（1）为防洪抗旱减灾、水资源的开发、利用、配置、节约与保护，以及水环境保护与治理等综合管理和决策服务，提供了有力的支持。

（2）提高了水资源优化配置及水利工程的科学管理水平，并促进了茨淮新河工程管理局工作综合能力的全面提高。

（3）经济效益主要表现在防洪效益（减灾）、水资源利用效率（水资源优化配置）和控制系统运行成本等方面。

该项目成果的合理应用能够有效地提高经济和社会效益，并具有较高的推广应用价值。可以进一步将其推广到茨淮流域其他枢纽及同类型流域级水利枢纽。

主要完成单位：安徽省茨淮新河工程管理局

主要完成人员：董爱军、徐立中、陈乃庚、滕晓明、马娟、李臣明、王慧斌、王逢州、魏晓东、杜魏、王鑫、邢超、赵亮、李晓芳、高红民

单位地址：安徽省蚌埠市怀远县找郢乡　　**邮政编码**：233400

联系人：马娟　　**联系电话**：13955237898

传真：0552-8642135　　**电子信箱**：shq_key@163.com

成果名称：精细地面灌溉监控技术与设备示范应用
任务来源：国家农业科技成果转化资金项目
计划编号：2009GB23320486

该项目通过两年的研究，研发了具有地形数据处理、地形统计评估、图形评估、平整方案计算、方案优选评估等功能、适用于农田规划平整改造和农田土地平整工程的软件——农田土地平整辅助决策支持系统。同时在生产中得到应用，并完成软件著作权登记（2010SR053197）。成功研制应用于地面灌溉过程中，对定点水流运动推进与消退状态进行实时监测的设备——地面灌溉水流推进自动检测仪，达到设计要求并完成设备定型，通过中试，可以满足生产需求。提出了现代化地面灌溉工程建设技术应用体系和精细地面灌溉信息监测技术与优化管理系统，并通过示范区建设得到了充分展示。

基于田间试验结果，采用多元回归方法建立了土壤入渗参数与土壤物理参数间的转换函数关系，分析了饱和导水率Ks受土壤紧实度和土壤黏粒含量的显著影响，以及入渗参数与土壤初始含水量、土壤紧实度和黏粒含量相互关系。开发了基于混合数值解法的畦灌全水动力学模型，与以往灌溉模型相比，数值计算的稳定性和收敛性有明显增强，有效了提高模拟计算精度和效率，为优化反演土壤入渗参数和田糙率系数提供了可靠的模型基础，为进一步研究区域性地面灌溉性能评估的理论和方法提供了条件。

通过基于高精度土地平整的精细地面灌溉节水技术规模化应用示范区建设，充分展示了现代化地面灌溉工程建设技术，并利用农田土地平整辅助决策支持系统规划设计与施工方案成果指导施工，不仅提高了平整设计工作效率和设计精度，同时，也使工程投资成本降低11%左右。现代化精细地面灌溉监测和优化管理技术在示范区的应用，创造了明显的经济效益和社会效益，示范区农田灌溉水利用效率平均提高21.3%，粮食总产量两年共提高15.6%，带动农民增收15万元以上。该项目研究成果适合规模化农业生产，在新疆生产建设兵团、东北农垦地区和其他土地集约化经营地区，具有广泛的推广应用前景。

主要完成单位：中国水利水电科学研究院
主要完成人员：李益农、李福祥、白美健、章少辉
单 位 地 址：北京市海淀区复兴路甲1号　　邮政编码：100038
联　系　人：吕烨　　联系电话：010-68781072
传　　　真：010-68786006　　电子信箱：lvve@iwhr.com

成果名称：淮北平原大沟控制对农田水资源影响综合调控技术中试转化

任务来源：国家农业科技成果转化资金项目

计划编号：2009GB23320493

安徽省淮北地区耕地面积3174万亩，农业资源丰富，是安徽重点粮食产区。淮北地区大沟普遍缺乏控制工程，地表径流利用率较低，随着社会发展，水资源日趋紧张。鉴于此，安徽省淮委水利科学研究院于2009年9月承担了“淮北平原大沟控制对农田水资源影响综合调控技术中试转化”项目。项目区位于安徽省利辛县，总面积80km^2。项目采用大田原型观测与区域调研相结合的技术路线，建立了农田水资源保护和水资源区域调节的技术模式，提出了平原区大沟蓄水与农田水资源综合调控集成技术，通过排、蓄、灌工程联合运用，优化了水资源配置，提出了蓄水控制工程结构型式与运行操作技术。

该项目取得的主要成果指标有：抬高大沟蓄水位1.29～2.13m、农田地下水位0.48～0.70m；增加的水资源调蓄总量占同期降雨量的11.6%；提高了雨洪资源利用效率，改善了农业生态环境；主要农作物增产率达到11%。

该项目成果首次对平原区大沟控制技术进行了较大规模的中试转化，使技术成果完成从理论和研究阶段到生产性实际应用阶段的转变，为淮北平原区农田综合治理提供了完整的以大沟控制蓄水为主体的农田水资源调控技术应用体系，可作为解决淮北平原及类似地区农田水资源短缺问题的有效手段。

主要完成单位：水利部淮河水利委员会水利科学研究院

主要完成人员：王友贞、沈涛、王矿、袁宏伟、汤广民、曹秀清

单位地址：安徽省蚌埠市治淮路771号　　邮政编码：233000

联系人：潘强　　联系电话：0552-3051551

传真：0552-3058844　　电子信箱：ahskypq@125.com

成果名称： 节能型设施农业微灌模式及关键设备转化与推广

任务来源： 国家农业科技成果转化资金项目

计划编号： 2010GB23320631

以建设资源节约型设施农业灌溉系统为目标，在完善相关生产工艺，实现低压滴灌灌水器、管网恒压智能自动控制装置等新产品定型化生产的基础上，通过集成管网恒压智能控制方法和低压滴灌系统核心技术，构建了节能型设施农业微灌技术模式，该技术模式具有以下特点：

（1）在灌溉系统首部采用基于恒压控制系统与调压罐联合应用的系统运行压力控制模式，在实现恒定调节管网工作压力的同时，具有显著的节能降耗效果。

（2）田间灌溉设施采用高均匀性低压滴灌系统，提高了灌溉系统的灌水均匀性。

该项目改进和完善了一种低压灌水器及滴灌带，产品性能指标达到A类标准，改进和完善了一种管网恒压智能自动控制装置和控制方式，具有创新性和实用性。该项目执行期间，累计生产销售低压滴灌带2000万m、恒压智能控制系统60台，累计新增产值850万元，新增税金33.20万元、净利润58.50万元。该项目集成的节能型设施农业微灌技术模式在北京市昌平区小汤山镇官牛坊村进行推广应用，针对设施农业草莓滴灌示范推广面积达320亩，在北京等地培训农业技术人员65人，降低一次性投资8%、提高灌水均匀度10%、节能23%。项目经济和社会效益显著，具有广阔的推广应用前景。

主要完成单位： 中国水利水电科学研究院、莱芜市春雨滴灌技术有限公司
主要完成人员： 龚时宏、王建东、马晓鹏、田金霞、贾瑞卿、于颖多、刘汗、张亮、张彦群、隋娟
单 位 地 址： 北京市海淀区车公庄西路20号　　**邮政编码：** 100048
联 系 人： 王建东　　**联系电话：** 010-68786583
传 真： 010-68451169　　**电子信箱：** wangjd@iwhr.com

成果名称：土壤氮循环及环境监测系统在农田灌溉试验中的研究与应用
任务来源：水利部“948”计划项目
计划编号：200921

针对我国在土壤氮循环研究方面采用N15稀释法检测费用比较昂贵，测定程序比较烦琐，影响测定的准确性和代表性等问题，通过引进土壤氮循环及环境监测系统，以提高旱作物灌溉试验研究水平，拓展我国在土壤氮循环方面的研究范围和深度，促进全省灌溉试验站在农田灌溉领域节水节肥、生态环保研究方面的发展。

该项目引进了德国UMS GmbH公司最新研制的Baps土壤氮循环测定技术，用以棉花土壤的反硝化速率、总硝化速率和呼吸速率的测定；同时，配套德国IMKO公司研制的TRIME-Logging土壤水分动态监测系统测定棉花土壤不同土层的土壤水分变化；使用以色列phyteck公司研制的PhyTalk植物生理生态监测系统监测棉花植株生长期的茎粗、茎流和叶温变化等指标，以便随时掌握棉花植株的长势情况。

将引进技术应用到棉花生产中进行不同灌溉模式和不同施肥模式下的土壤碳氮循环规律和作物需水规律研究，从而总结提出了科学合理的灌溉施肥方法，为有效节省农业生产成本、提高作物产量，减少棉花因不当灌溉施肥方式产生的面源污染提供了科技支撑。同时，项目优选、引进了土壤氮循环及环境监测系统，经消化、吸收，熟练掌握了系统操作技能和工作机理，针对使用操作中出现的问题，提出了有效的解决措施和办法；联合应用到农田灌溉试验研究当中，提高了农田灌溉试验研究水平。

主要完成单位：江西省灌溉试验中心站、武汉大学水利水电学院、江西省农科院土肥所
主要完成人员：许亚群、崔远来、李会兴、刘方平、王少华、柳根水、贾正茂、梁　举、旷宗夏、才硕、邓海龙、杨文祥、谢文韬、黄永忠、时红
单位地址：江西省南昌市高新区发展路2号　　邮政编码：330201
联 系 人：刘方平　　联系电话：0791-86156817
传　　真：0791-86156811　　电子信箱：lfp1224@yahoo.com.cn

成果名称：土壤调节剂及雨水高效利用技术在黄土丘陵区应用转化

任务来源：国家农业科技成果转化资金项目

计划编号：2009GB23320494

该项目得出土壤调节剂在黄土丘陵区的应用阈值、保土剂的时效性及其保土效果与降雨关系和每年应用次数（至少1次）、开发出应用USLE方程和GIS系统快速调查区域水土流失的方法、简易有效的土壤调节剂大田施用方法等成果。

该项目的主要创新性如下：

（1）系统地研究了土壤调节剂对黄土丘陵区黄绵土土壤性能的影响，指出经过土壤调节剂处理的黄绵土饱和导水率，随保水剂浓度的增加从增大到减小，之间存在一个阈值，利用土壤调节剂调节土壤入渗率的阈值应当在0.65g/m^2左右。

（2）保土剂的持效性研究表明，沙壤土坡地施用保土剂能够有效防止因降雨径流引起的土壤侵蚀，但保土剂保土效果的衰减与降雨和用量具有很大关系，随降雨次数增加，保土效果衰减，随保土剂用量增加，保土时效增长。黄土丘陵区保土剂的持效性能经受4次左右的降雨径流，一般来说每年应用保土剂一次即可有效防止水土流失。

（3）开发了应用USLE方程和GIS系统快速调查区域水土流失、生态恢复状况的方法，可用于区域水土保持效益生态恢复状况等调查与评价，为区域水土保持调查评价等提供了可行途径。

该项目建设示范区1处，2年累计推广应用约2万亩，示范区内最低人均纯收入5600多元，人均增加了1800多元。流域内土壤侵蚀模数比2年前的8000～10000t/(km^2·a)减少了30%多，水土流失量减少了3万多吨。项目社会效益、生态效益与经济效益提升显著。

该项目在土壤调节剂大田应用方面，积累了国内外领先水平的经验，在大力发展坡地经济的黄土丘陵区及同类地区，具有广阔的应用前景。

主要完成单位：中国水利水电科学研究院

主要完成人员：陈渠昌、杨素珍、陈世武、李樊敏、冀慧、李帅、赵利

单 位 地 址：北京市海淀区复兴路甲1号　　邮政编码：100038

联 系 人：陈渠昌　　联系电话：010-68781960

传 真：010-68512455　　电子信箱：chenqch@iwhr.com

成果名称：WRSIS 系统在南方水旱轮作区的应用与示范研究

任务来源：水利部其他计划项目

计划编号：

该项目针对农业非点源污染以及农业水资源利用效率较低等问题，将原仅适用于旱作物和地下灌溉条件以及单独用于水稻条件的 WRSIS 系统，扩展到水旱轮作地区及地面灌排与地下排水条件，构建了改进的 WRSIS 系统，研究了改进系统的减污、节水及增产效果。

该项目成果的主要创新点：

（1）提出了针对我国南方水旱轮作区农业生产实际的改进 WRSIS 系统，具有工艺简单、能耗和使用成本低的特点。

（2）将水稻节水灌排技术和科学施肥制度与改进的 WRSIS 系统有机结合，提高了水肥利用率，减少了氮、磷污染物的排放。

（3）开发了适合南方水旱轮作区新型的农田暗管水位控制装置，具有控制精确、调节方便的特点。

该项目成果在江苏省高淳县建立了 5000 亩的示范区，提高了水肥利用率，减少了氮、磷污染物的排放，应用效果良好，具有较好的推广前景。

该项目成果已通过水利部国际合作与科技司组织的科技成果鉴定，成果总体达国内领先水平，其中在稻田排灌和湿地联合应用减污方面的成果，达到国际先进水平。

主要完成单位：水利部综合事业局、河海大学、江苏省水利厅、高淳县水务局、南京市水利局

主要完成人员：郭潇、邵孝候、曹淑敏、许峰、徐征、江培福、金旭浩、王金兰、陈辉、朱亮、谈俊益、金秋、胡秀君、吴七斤、周钧等

单位地址：北京市西城区南线阁街 58 号　　邮政编码：100053

联系人：许峰　　联系电话：13910418203

传真：010－63203723　　电子信箱：xufeng@mwr.gov.cn

成果名称： 微压灌水器和过滤装置的中试与转化

任务来源： 国家农业科技成果转化资金项目

计划编号： 2009GB23320465

该项目在现有微压滴灌技术成果的基础上，从产品材料优选、结构优化两个方面，对微压滴灌系统产品的关键部件进行了改进和优化，中试并定型了2种微压灌水器和2种微压过滤装置，性能指标全面达到合同要求；改装了相应的生产线，达到了年产微压灌水器20万只和微压过滤装置200套以上的生产能力；通过改进和优化，产品的性能有了明显提高，成本更加低廉，并进一步形成了系列化产品；通过技术组装和配套，形成了标准化的微压滴灌系统，与现有的滴灌系统相比，组装配套的微压滴灌系统投资降低超过38%，系统运行费用普遍减少50%以上，且操作更加简单；在河南南阳、博爱两地进行了试验示范，建成大棚蔬菜微压滴灌系统5个，覆盖243座温室，总面积225亩。结合试验示范，凝练微压滴灌成套的设计、运行管理技术。举办了4期技术培训，培养了30余名技术人员和10名管理人员。

该项目通过对微压滴灌系统的核心产品——灌水器和过滤器的中试与转化，对其核心技术进行熟化，进一步降低了工作压力，减少了成本和运行费用；同时，完善了微压灌水器和微压过滤装置的结构和装配工艺，形成系列化产品，达到规模化、标准化的生产水平。为实现滴灌技术的“双节”（节水、节能）开创了新路，为推动现代农业的发展和促进农民增收提供技术和产品支持。应用结果表明，项目的经济和社会效益显著，推广应用前景广阔。

主要完成单位： 水利部农田灌溉研究所

主要完成人员： 宰松梅、仵峰、范永申、韩启彪、孙浩、郭志新、翟国亮、冯俊杰李金山、刘杨、邓忠、贾艳辉、赵东彬、段福义、王帘里

单位地址： 河南省新乡市宏力大道380号　　**邮政编码：** 453002

联系人： 宰松梅　　**联系电话：** 0373-3393253

传真： 0373-3393354　　**电子信箱：** ggszsm@yahoo.com.cn

成果名称：单户雨水安全集蓄与利用模式推广应用
任务来源：水利部科技推广计划项目
计划编号：TG1037

该项目选择干旱少雨、水资源十分短缺、地表水和地下水均严重不足的定西市安定区进行推广应用。在定西市安定区李家堡镇推广应用以收集利用天然降水为主的雨水利用农村生活用水工程，建成单户雨水安全集蓄与利用模式20户。

该项目确保了单户雨水安全集蓄和利用模式推广示范工程的水量安全。按照“农村饮水安全”的水量要求和《雨水集蓄利用工程技术规范》的规定，结合项目区水资源、用水需求等，提出单户雨水安全集蓄与利用模式推广示范工程建设技术模式及量化计算方法。根据不同降水条件和不同集流面下垫面条件的集雨特性，确定最佳集流面面积和蓄水设施容积，从而达到有限降雨条件下对雨水资源的高效、安全与经济利用，保障饮水量安全。

水质满足《农村生活饮用水量卫生标准》（GB 11730—1989）要求，确保雨水利用农村饮水水质安全。该项目在“蓄前粗滤、蓄后沉淀、终端精滤”水质保障技术的基础上，进一步完善技术体系，在单户雨水安全集蓄与利用的水质处理环节采用平流式沉沙池、格栅式沉沙池、砂石过滤层、化学灭菌、终端过滤器和净水器等水质处理技术，集成提出水质处理工程技术模式，为雨水利用农村饮水工程水质安全提供技术保障。

该项目采用集水、蓄水、净化等集成技术措施，示范期对示范户供水保障率达到100%，集流效率达到70.98%，蓄水设施复蓄指数1.87，设施匹配系数1.08，水质满足《农村生活饮用水量卫生标准》（GB 11730—1989）。

该项目对解决干旱缺水山区农村饮水乃至实现安全饮水以及为广大农村地区提供抗旱应急水源具有重要意义，社会、经济、环境效益显著，推广应用前景广阔。

主要完成单位：甘肃省水利科学研究院
主要完成人员：李元红、金彦兆、周录文、葛承轩、席国珍、景俊红
单位地址：甘肃省兰州市广场南路13号统办3号楼　　**邮政编码**：730000
联系人：金彦兆　　**联系电话**：0931-8883284
传真：0931-8883284　　**电子信箱**：jyzsky@yahoo.com.cn

成果名称：黑河流域膜垄沟灌节水技术创新与推广转化

任务来源：水利部科技推广计划项目

计划编号：TG1038

该项目通过在黑河流域张掖市甘州区、临泽、高台、山丹、民乐五县区对大田作物(马铃薯、加工番茄、制种玉米、蔬菜)进行了适作适水的膜垄沟灌节水技术示范推广，并结合现场观测、科技宣传、技术培训，培训人员1017人次，发放膜垄沟灌节水技术规程和推广指南1500余册，完成示范点建设1039亩，推广面积32.8万亩，通过进行膜垄沟灌节水技术推广，经指标考核，达到如下成果：

（1）节水。与传统的常规灌溉节水15.25%～20.8%以上。

（2）增产。与传统的常规灌溉相比，可增产2%～10.9%以上。

（3）提高地温。与传统的畦灌相比，可使地表温度提高2～3℃。

（4）提高水分利用率。与平作常规地面灌溉相比，提高了8%～23.5%以上。

（5）提高劳动效率。该项技术实用机械化操作，每亩地平均节约劳力费13.2%～21.8%。

（6）增收。实施膜垄沟灌节水技术。年亩综合增收节支合计约110.53～323元以上。

该项目通过全市示范推广，总结提出了适合当地的膜垄沟灌节水灌溉制度模式和栽培管理技术，并编制了张掖市主要农作物膜垄沟灌节水技术规程，为促进灌区高效节水农业的发展，提高黑河流域水资源利用效率和效益起到了积极的示范和指导作用，同时也取得了显著的经济社会效益：

（1）经济效益。通过连续2年的膜垄沟灌节水技术，同时结合机械起垄覆膜的农业技术示范推广应用，项目在我市总节水量达2222.742万m^3，提高保灌面积4.34万亩，增加经济效益110.53～323元/亩，取得了明显的的节水增产效果，社会经济效益显著。

（2）社会效益。通过广泛宣传和节水措施的实施，改变了人们的传统观念。一是改变了水资源无限的观念，使人们逐渐认识到，水是有限的宝贵资源；二是改变了农户水浇的越多越好的观念，逐步改变了农户的狠水思想，以及大定额灌水习惯；三是出现了社会各方面都来关心节水、参与节水、研究节水的大好局面，节水引起了社会的共鸣；四是通过科技承包，培养锻炼了一批科技人员。他们在实践中，发挥了作用，增长了才干。尤其是青年技术人员和研究生，在基层参与研究、操作等实际工作，提高了它们的业务水平，为今后推广培养了骨干力量。

（3）生态效益。推广区累计少开采地下水605.8万m^3，从而保护了水资源，保护了生态环境。

主要完成单位：甘肃省张掖市水务局

主要完成人员：贾永勤、赵元忠、栾利民、薛燕翎、张文武、段疆、李有先、张志勇、薛明、杨宏、张芮、李桂萍、宋国策、王立山、杨松起

单位地址：甘肃省张掖市甘州区县府街2号　　邮政编码：734000

联系人：李有先　　联系电话：13993603090

传真：0931－6915512　　电子信箱：swjsyz.2008@163.com

成果名称：草原生态保护节水灌溉综合技术推广应用
任务来源：水利部科技推广计划项目
计划编号：TG1127

该项目在新疆3个牧业县推广应用水利部组织实施的中日技术合作“草原生态保护节水灌溉示范项目”成果。主要内容有：饲草料地节水灌溉工程设计技术、牧草灌溉用水管理技术、牧草种植技术、牧民参与灌溉管理制度建设；面向县级和乡镇水利技术、管理人员以及牧民开展能力建设；对牧草喷灌技术、太阳能利用技术、牧区渠道防渗抗冻胀技术应用模式及效果等进行调查研究等。

指导设计的总面积约8500亩，已建设完成的工程具有节水、增效、增收等的效果；木垒县苜蓿每次灌水亩均节水约25%；面向牧区基层水利人员和牧民开展技术指导和举办技术培训等活动，参加总人数达152人次，其中骨干人员达70多名；编制了牧草节水灌溉培训讲义、技术培训班总结报告、牧草喷灌技术手册、太阳能技术在牧区节水灌溉中的应用报告、《牧区草原生态保护节水灌溉指南》应用调查分析评价报告、牧区渠道防渗抗冻胀技术应用模式及效果评价报告。

通过该项目的实施，为牧区基层水利人员提供了针对轻小型喷灌机组系统的牧草喷灌技术、利用太阳能为动力开发小型饲草料地的节水灌溉技术、牧区渠道防渗抗冻胀技术适宜的应用模式等重要的技术参考资料。建设完成的节水灌溉饲草料地已具有节水、增效、增收等特点，提高了饲草料的产量和质量，在一定程度上可保证牧民家庭牲畜的饲草料供应，因而可增加牲畜舍饲圈养天数，减少天然草场放牧时间，减轻草场的放牧压力，为草场的休养生息提供了条件，为保护草原生态起到积极的作用。通过指导、培训，增强了牧民的节水意识、提高了牧民灌溉技术水平，使牧区基层水利人员的技术、管理能力得到了较大提升。

该项目成果取得了较好的社会、经济、生态环境效益，对项目区周边地区的牧民起到了积极的展示作用，将在今后有关牧区水利饲草料地建设中进一步推广应用。

主要完成单位：中国灌溉排水发展中心、北京淼鑫节水技术开发有限公司、北京中灌绿源国际咨询有限公司、北京中水润泽咨询有限公司、润华农水实业开发公司
主要完成人员：王彦军、顾宇平、徐成波、陆文红、熊德才、张国华、王留运、孔东、武前明、王贵作、刘定湘、张绍强、杜秀文、史湘琨、边新洋
单位地址：北京市西城区广安门南街60号　邮政编码：100054
联系人：王彦军　联系电话：010-63203459
传真：　电子信箱：yanjunwang@sohu.com

成果名称：乳业饲草料节水高效生产综合技术集成与示范

任务来源：国家农业科技成果转化资金项目

计划编号：2009GB23320488

该项目通过进一步中试转化，对我国西北地区乳业饲草料主要种植作物（牧草）和种植方式（饲料玉米、青贮玉米、紫花苜蓿单作，以及饲料玉米与紫花苜蓿立体组合种植）、节水灌溉制度、合理施肥制度等内容的深化研究、应用性检验和技术集成。提出了饲料玉米单作水肥综合管理、青贮玉米单作水肥综合管理、紫花苜蓿单作水肥综合管理、饲料玉米与紫花苜蓿立体组合种植水肥综合管理等4项技术模式。

该项目熟化完善了玉米、苜蓿单作和立体种植下的非充分灌溉技术，水肥耦合技术，玉米、苜蓿立体种植下的优化灌溉制度，集成了单作青贮玉米、饮料玉米、紫花苜蓿和玉米/苜蓿立体优化组合种植模式及综合高产管理技术模式，形成了乳业饲草料高效节水综合技术体系，对北方地区乳业饲草料节水高效生产具有重要指导意义。

该项目结合中间试验开展了技术培训及示范推广工作，建立高效节水综合技术示范区3处，示范区面积2178亩，辐射推广26600亩，组织现场观摩和技术培训110人次，项目区水分生产效率达到6.42～7.23kg/m^3，提高32%以上；示范区纯收入260.25万元，提高53%。项目达到了合同规定的各项技术指标要求，生态、经济、社会效益显著，具有广阔的推广应用前景。

主要完成单位：水利部牧区水利科学研究所

主要完成人员：赵淑银、郭克贞、郑和祥、高天明、刘虎、魏学敏、赵景峰、贾向前、王桂林、杨燕山、徐冰、苏佩凤

单位地址：内蒙古呼和浩特市大学东街128号　　邮政编码：010010

联系人：李振刚　　联系电话：0471-4690603

传真：0471-4690603　　电子信箱：lzg@nmmks.com

成果名称： 灌区渠系建筑物安全鉴定及加固改造成果转化

任务来源： 国家农业科技成果转化资金项目

计划编号： 2009GB23320491

为解决我国灌区渠系建筑物点多面广，工程规模小，现行建筑物安全鉴定及加固改造技术方法从经济、技术等方面实现难度较大的情况，由中国灌溉排水发展中心进行了“灌区渠系建筑物安全鉴定及加固改造技术”的研究。2008年经水利部组织鉴定，认为该技术科学、实用、操作性强，填补了国内空白，成果总体达到国内领先水平，有着广阔的应用前景，适用于各类大、中、小型灌区渠系建筑物安全鉴定和建筑物完好程度的评估。因此，2009年由中国灌溉排水发展中心申请，经水利部审核批准开展了“灌区渠系建筑物安全鉴定及加固改造技术成果转化”项目实施。

该项目在“灌区渠系建筑物安全鉴定及加固改造技术研究”成果的基础上，总结出了全国各地灌区普遍适用的灌区渠系建筑物安全鉴定体系，为渠系建筑物加固改造规划编制和优化设计提供技术支撑和科学依据，满足了灌区“两改一提高”的需要，为如何运用好国家的投资，最大发挥投资效益，提高工程质量需要，以符合国家开展节水型社会建设、改善水环境质量、实现可持续发展的需要提供了重要支撑。

项目以灌区渠系建筑物安全评估数学模型和经济实用评价标准为主要技术手段，通过“内部评估，外部鉴定”的鉴定流程，以山东、甘肃、山西等不同气候区灌区的进水闸、泄洪闸、渡槽、倒虹吸、隧洞、暗涵、渠下涵、跨渠桥、闸门及启闭设施等 9 类建筑物的为评估对象，提出了渠系安全鉴定及加固改造的评估方法、程序、标准；研制了灌区渠系建筑物安全鉴定系统；开发了渠系建筑物强度检测现场快速判定仪；提出了“湿陷性黄土地区渡槽排架纠偏处理”新工艺等成果；编制了“灌区渠系建筑物安全鉴定指南”。

其中，灌区渠系建筑物安全鉴定系统，以提高灌区渠系建筑物安全鉴定、统计的速度、精度、便捷度为主要目的，将鉴定方法、流程及标准集成统一在一个系统模块内，实现了数据采集、处理、结果显示系统化，一体化；

渠系建筑物强度检测现场快速判定仪，填补国内外目前混泥土强度检测仪的缺陷，特别是填补与满足国内外灌区渠系建筑物混泥土质量合格与否现场现场判断的需要，在建筑物施工过程中与运行过程中，实现了灌区建筑物混凝土质量合格与否的快速准确判断。

湿陷性黄土地区渡槽排架纠偏处理新工艺，针对湿陷性黄土地区由于地基处理不当或其它原因，造成建筑物地基的不均匀沉降和上部结构的偏移，在理论分析和工程实践经验的基础上，提出了一种沉降法纠正建筑物倾斜的新技术，该技术运用控制监测技术，施以注水软化土质，降低承载力，使建筑物在控制的范围内沉降，以达到纠偏的目的。

灌区渠系建筑物安全鉴定指南，系统的总结了渠系建筑物安全鉴定的内容、程序、组织管理、方法、检测手段、成果审核等方面的内容，为科学、合理的开展渠系建筑物安全鉴定提供了支撑。

该项目共建立示范区1个，获取实用新型专利1项，举办培训班6期，培训专门技术人员122人次，培养硕士研究生11名。该项目为灌区渠系建筑物的安全鉴定及加固改造提供了技术支撑，社会效益及推广应用前景广阔。

主要完成单位： 中国灌溉排水发展中心

主要完成人员： 顾宇平、曲强、畅明琦、徐磊、相杨、王玥、吕美朝、王生全、李明旺、相保成、袁海千、许晓华、赵伟、张淼、闫文新

单位地址： 北京市西城区广安门南街60号　**邮政编码：** 100054

联系人： 徐磊　**联系电话：** 010-63203387

传真： 010-63203654　**电子信箱：** lao_qiang9303@sina.com

成果名称： 硅塑材料拼装水渠的开发与应用

任务来源： 水利部科技推广计划项目

计划编号： TG1047

该项目在吉林省洮儿河、前郭、松沐、海龙等八个大型灌区推广PP纤维混凝土板防渗、土工格室混凝土板防渗、硅塑板材拼装结构防渗等技术。在推广中又开发了塑料空心肋梁板拼装水渠防渗技术。

该项目建成防渗灌溉渠道100km、节水灌溉面积100万亩、减少输水损失2亿m^3/年。起到降低工程造价，增加工程耐久性，节约灌溉用水的作用。

该项目经济技术指标完成情况：

（1）现浇工艺混凝土防渗厚度降到5.0～6.0cm，组装工艺板厚度降到1.5cm。

该项目推广实际完成PP纤维混凝土板防渗技术板厚度为6.0cm，土工格室混凝土防渗技术板厚度为5.0cm，硅塑板材拼装水渠防渗厚度1.5cm，塑料空心肋梁板拼装水渠防渗厚度0.35cm。

（2）渠道防渗长度达到100km，节水灌溉面积100万亩。

实际完成渠道防渗长度352km，灌溉面积102.4万亩。

（3）渠道输水速度提高10%，轮灌时间缩短10%。

（4）渠道水量损失小于0.08$m^3/(m^2 \cdot d)$。

（5）比传统混凝土防渗方案节支20%。

推广采用《硅塑材料拼装水渠的开发与应用》技术后，硅塑材料拼装技术与预制混凝土U型槽技术相比、渠道衬砌现浇PP纤维混凝土和土工格室混凝土技术与传统现浇混凝土衬砌技术相比，综合节支25%。

（6）年节约灌溉用水量2亿m^3。

该项目推广灌溉面积102万亩，年节水量2.08亿m^3。

（7）亩产平均可提高5%，粮食生产能力提高0.3亿kg。

该项目推广面积102万亩，年增加粮食生产能力0.66亿kg，平均增产11%。

该项目通过渠道防渗达到节约用水的目的，对于解决该省水资源不足问题和提高粮食生产能力意义重大，节水、节支、增产、节约原材料消耗，效益显著，推广应用前景广阔。

主要完成单位： 吉林省水利科学研究院

主要完成人员： 王振铎、田树成、娄军海、于海荣、张勇强、裴宇波、王斐、王菲、师硕

单位地址： 吉林省长春市人民大街8220号　　**邮政编码：** 130022

联系人： 王姝　　**联系电话：** 0431-85383854

传真： 0431-85339160　　**电子信箱：** skykygl070707@yahoo.com.cn

成果名称： 农村灌区节水小型水闸除险加固技术转化

任务来源： 国家农业科技成果转化资金项目

计划编号： 2010GB23320630

该项目研究了农村灌区节水小型水闸的检测和修复技术，并在两个示范区进行了运用。

该项目主要成果：

（1）对安徽省亳州市谯城区和江苏省靖江市的主要河流水系构成和水利工程状况进行了调查，分析了农村灌区小型水闸工程存在的问题，对水闸运行管理提出了相关建议。

（2）应用结构损伤振动诊断技术、建立了环境激励下小型水闸上部结构的应变模态和位移模态参数识别模型，对测试系统进行了优化配置。

（3）利用高密度电阻率法检测闸基的渗漏，建立了地电阻率反演模型，对测试系统和测试方法进行了优化。

（4）提出了灌区小型水闸结构材质参数、金属结构和启闭机检测及安全评价技术。

（5）针对农村小型水闸建筑物老化病害和损伤的成因与特点，进行了修复设计。

（6）采用针对小型水闸的检测、安全评价、修复设计和施工等成套技术在安徽省亳州市谯城区和江苏省靖江市两个示范区4座小型水闸进行示范应用。

（7）编写了调查、研究、运用报告共8篇，培训和培养了一批水闸管理人员和技术骨干。

通过对小型水闸的加固设计和施工实践，使农村水利灌区4座小型水闸能正常运用，发挥了其防洪和蓄水灌溉的功能，该项目社会效益、经济效益、生态效益显著，推广应用前景广阔。

主要完成单位：南京水利科学研究院、安徽省亳州市水务局、江苏省靖江市水利局

主要完成人员：陈灿明、顾培英、黄卫兰、邓昌、赵德建、刘放、王宏、贾宁一、丁红艺、罗平、张杰、刘炳乾、师明、徐毅、陆道彪

单位地址：江苏省南京市广州路223号　　邮政编码：210029

联系人：陈灿明　　联系电话：025-85829642

传真：025-85829640　　电子信箱：ccm9640@126.com

成果名称：核磁共振等探测找水技术推广应用

任务来源：水利部科技推广计划项目

计划编号：TG1059

该项目在山西省干旱缺水地区，运用核磁共振法、电阻率测深法、激发极化法和大地电磁法找水技术在不同地质条件、不同深度范围内开展水源勘测工作。

该项目完成了20眼供水井位的勘测；施工的16眼井均成功出水，成井率达到100%；经济效益总计464万元；解决了1.35万人口严重缺水饮水困难。

综合运用核磁共振探测和对称四极测深法及激发极化法等找水技术开展对比试验取得成果。从原理上分析了这几种找水方法的差异和互补性，总结了在地下水径流区和平流区等不同水文地质条件下，核磁共振信号和激发极化参数的不同表现。核磁共振探测技术勘测时不需要接地，地形要求低，直接反映地层中的自由水，测量结果较为接近地层真实的含水位置和含水量，尤其在干旱地区识别薄层含水层的作用独特，效果明显，与其他勘探方法互补性强。

核磁共振与其他物探找水技术的对比试验，丰富了不同地质条件下找水的模式。该项目的完成对在干旱和半干旱地区开发浅层水，解决当地农村人畜饮水具有现实意义和推广前景。

主要完成单位：山西省水文水资源勘测局

主要完成人员：张荣、宋晋华、吴有志、张杰、贾永梅、孙文、王玉珉、崔炳玉、王世瑞、吕英、石滨、刘广俊、杜晓智、王东华、薄惠琴

单位地址：山西省太原市康乐街21号　　邮政编码：030001

联系人：张荣　　联系电话：13033484418

传真：0351-4033420　　电子信箱：zhang_01251@163.com

成果名称：丘陵区农村饮水安全技术集成
任务来源：水利部科技推广计划项目
计划编号：TG1061

该项目主要成果的创造性如下：

（1）提出示范丘陵区地下水资源较丰富的冲沟区，供水水源为管井或大口井，人口较为集中地区；乡镇所在地的河谷平坝、洪积平坝区，水源为河道或中小型水库，供水站离河岸较近，且地下水资源丰富，人口居住集中地区的两种农村饮水安全工程宜采用的工程建设、管理、水质检测和水处理模式。

（2）提出将一体化、反渗透、生物慢滤水处理技术应用于农村饮用水特殊水源处理中，并提出其工程建设、运行维护管理的成套模式。

该项目技术指标完成情况如下：

（1）总结提出示范区适合的农村集中与分散供水工程建设模式2套，经营管理模式2套，水质检测模式2套，农村饮用水处理技术与模式2套。

（2）示范工程建设技术上符合《村镇供水工程技术规范》（SL 310—2004）要求，供水水质达到《生活饮用水卫生标准》（GB 5749—2006）要求，示范工程总供水规模达690t/d，农村安全供水人口9175人。

该项目经济指标完成情况如下：

（1）新建农村供水示范工程节省找水劳动力转化成经济效益8.25万元/年，农民减少医药费支出1.28万元/年，发展庭院经济新增农民收入2.21万元/年。

（2）单位通过项目技术新增设计产值125万元。

（3）协作单位新增产值约75万元。

该项目成果的经济、社会生态效益如下：

（1）新建两处供水工程，水质达标，解决近1000农村人口的饮水安全问题。

（2）对两处供水站实施技术改造，解决8000多农村人口的饮水安全，水质达标。

通过该项目的实施，总结提炼出的适宜于丘陵区地下水资源较丰富的冲沟区、乡镇所在地的河谷平坝、洪积平坝区的农村饮水安全工程建设、运行管理、水质检测、特殊饮用水处理技术模式，为四川省丘陵区农村饮水安全的工程建设和管理提供了技术保障，具有广阔的应用前景。

主要完成单位：四川省水利科学研究院
主要完成人员：周芸、叶红、麻泽龙、樊毅、何孟、卢喜平、杨平、陈煜坤、王诗遂、高鹏、叶新、张驰
单位地址：四川省成都市牧电路7号　　邮政编码：610072
联系人：叶红　　联系电话：028-87321697
传真：028-87321697　　电子信箱：443013698@qq.com

成果名称： 苦咸水淡化处理技术

任务来源： 水利部科技推广计划项目

计划编号： TG1040

该项目针对沧州市咸水、微咸水储量丰富，利用率较低，人饮困难等问题，在对已有苦咸水淡化技术成果应用总结的基础上，以提高设备的产水率和脱盐率为目标，结合沧州实际，通过对设备的试验和技术改进，研制出适合沧州特点、技术先进、经济可靠、易于操作、出水水质符合国家饮用水标准的苦咸水淡化设备，即ED3601型多级电渗析水处理设备和RO1502型膜式反渗透水处理设备，并在献县西王庄村和孟村的大汶台村进行了试点推广，解决了两个试点村的人农村人饮安全问题。

（1）项目组在分析研究苦咸水淡化处理技术和电渗析、反渗透设备应用的基础上，对原水水质预处理技术与膜分离技术等进行了改进，研制出产水水质符合国家生活饮用水标准的ED3601型多级电渗析水处理设备和RO1502型膜式反渗透水处理设备，提高了设备的产水率，延长了使用寿命，降低了制水成本。

（2）在孟村大文台村和献县西王庄村建立了两个示范站点，经过一年多运行和跟踪监测，出水水质和水量稳定，解决了3000多农村人口饮水安全问题。

（3）新研制的电渗析设备淡化率和脱盐率分别提高20%～25%、8%～13%，吨水成本降低1.83元；新研制的反渗透设备淡化率和脱盐率分别提高20%～25%、2%～3%，吨水成本降低1.58元。

（4）在原料水TDS（大文台村示范站2307.11mg/L、西王庄示范站3210mg/L）、浊度∠20度、水温25℃、电力价格0.65元/(kW·h)的情况下，新型淡化设备实测达到以下指标：产品水TDS（大文台村示范站151mg/L、西王庄示范站50mg/L），回收率均为67%，淡化出水量均为1.5t/h，设备使用寿命20年，膜使用寿命3年。

（5）项目组召开研讨会议30多次，现场勘查、调研、调试20余次。成功举办培训班4期，培训管理技术人员220人，为该技术的大范围推广应用提供了可借鉴的宝贵经验。

（6）该项技术的推广应用，有效改善了当地群众的生存条件，提高了农民的健康水平和生活质量。

该项目的推广可减少深层地下水的开采，遏制或缓解深层地下水位的下降和漏斗面积的不断扩大，防止由于地面的下沉造成的一系列环境地质灾害，抽取浅层地下咸水，可以腾出地下库容，利于天然降雨的入渗补给，实现“抽咸补淡”的良性循环，改善了地下水环境。同时为科学利用苦咸水开辟一条行之有效的新途径，让沧州市农民喝上安全洁净的放心水，对推动新农村建设以及当地各项事业的健康发展，维护社会稳定，促进社会和谐具有重大的现实和长远意义。

主要完成单位： 河北省沧州市水务局、河北省沧州市水利科学研究所

主要完成人员： 樊永治、姜慧敏、赵卫国、刘长征、胡荣花、刘兰芳、贾玉玲、刘军、阚万森、白大勇、赵志莲、臧丽芳、王立君、段秀娟、赵平

单位地址： 河北省沧州市交通北大道21号　　**邮政编码：** 061000

联系人： 姜慧敏　　**联系电话：** 0317－7927041

传真： 0317－7927049　　**电子信箱：** czkjk041@163.com

成果名称： 苦咸水淡化处理技术

任务来源： 水利部科技推广计划项目

计划编号： TG1054

该项目利用膜处理技术，在青岛苦咸水地区进行苦咸水淡化处理试点。通过项目实施，主要实现三个目标，一是建立苦咸水淡化示范点，通过项目示范，推动该项技术的应用；二是探索苦咸水淡化处理技术在青岛市的推广应用前景，通过分析研究苦咸水淡化处理技术与农村经济发展、水价承受能力等，对苦咸水淡化处理技术在村镇分散供水的应用前景进行评估；三是研究苦咸水淡化处理后的水质变化，对淡化后水质进行综合评价。

该项目地点选择在青岛鳌山卫镇四个缺水村，建成苦咸水淡化处理示范工程一处，新建取水泵站和供水泵站 2 处、新建水处理车间 200m^2、引进苦咸水处理设备 1 台套，处理能力为 100m^3/d。

该项目实施后，解决了 3200 人的饮用水问题，有效改善了该地区的农村饮水条件，结束了该镇沿海四个村长期饮用苦咸水的历史，提高了人民群众的生活质量，具有显著的社会效益，为苦咸水淡化处理技术的进一步推广起到了示范作用。

该项目采取处理流程主要为：原水箱—原水泵—石英砂过滤器—精密过滤器—超滤—反渗透—纯水箱。石英砂过滤和精密过滤器是本技术的预处理系统，两级过滤主要是去除原水中的细小颗粒、悬浮物、胶体等杂质，保证后续超滤和反渗透设备的正常运行和膜元件的使用寿命；超滤是利用纳米级的物理孔径在一定压力作用下，对料液中的物质进行分离、净化、纯化和浓缩的一个纯物理过程，是一种非常安全可靠的过滤和浓缩方法；反渗透装置是本系统中最主要的脱盐装置，反渗透系统利用反渗透膜的特性来去除水中的绝大部分可溶性盐分、胶体、有机物和微生物，该反渗透装置膜组件采用最先进的 TFC 型复合膜。根据用户水质监测报告，该系统苦咸水脱盐率达到 97% 以上，回收率达到 70% ～ 80%，出水水质符合国家饮用水标准（GB 5749—2006）。

主要完成单位： 山东省青岛市水利局

主要完成人员： 程桂福、刘吉全、李旭家、李德信、毛丛丛、鲁海娟、成方朋、王金顺、胡永建、王勇、阎永刚

单位地址： 山东省青岛市香港中路 17 号　　**邮政编码：** 266071

联系人： 程桂福　　**联系电话：** 0532-85916128

传真： 0532-85916126　　**电子信箱：** guifucheng@sina.com

成果名称： 国产化MIEX水处理设备在城乡地区的推广应用
任务来源： 水利部“948”计划项目
计划编号： 201018

MIEX技术是澳大利亚专家开发的一种水处理专利技术，该项目技术采用的是磁性离子交换树脂（magnetic ion exchange resin），其工艺简单，适应性强。北京国泰新华实业有限公司承担的“国产化MIEX水处理设备在城乡地区的推广应用”项目，是该公司之前承担的“948”计划引进项目“城乡饮水安全MIEX水处理技术及设备”的一个国产化成果，即国产化MIEX水处理设备的宣传推广项目。国产化MIEX水处理设备，是一种专门用于饮用水处理的高科技产品，能有效去除水中的DOC（溶解性有机碳）、氟、砷等污染物，显著降低消毒过程的DBP，去颜色，去异味，功能独特，出水快，淤泥产量低，而且MIEX颗粒可通过再生反复使用，设备操作维护简单，运行成本低，是一种高效、经济、环保的水处理设备。

针对国产化的MIEX水处理设备的特点，该项目组利用多种形式在北京、上海、广东、江苏、新疆、河北等六个省市广泛开展了宣传；落实了国产化MIEX水处理设备在江苏淮安、无锡和南通如皋的三个自来水厂的实际应用；检验了实际应用的水厂的水质，对比分析了国产化MIEX水处理与其他传统水处理方法的出水水质和成本，试验了MIEX饮用水深度处理技术（即在传统水处理工艺的基础上增加MIEX水处理技术）的稳定性，使得处理后的水质能够长期稳定地达到饮用水安全卫生标准要求，优化了MIEX饮用水深度处理设备；召开了国产化MIEX水处理设备在城乡地区推广应用研讨会；总结了MIEX水处理设备的应用推广经验，为国产化MIEX水处理设备在全国的应用推广做了准备。

推广国产化MIEX水处理设备，对提高水处理水平、解决城乡饮用水安全问题，具有十分重要的意义。和传统水处理方法相比较，经国产化MIEX设备处理后，水质大大提高，完全达到新的生活饮用水标准（GB 5749—2006），而运行成本只有略微增加，设备采购成本比同类进口设备低1/3以上，因此，国产化MIEX水处理设备具有较高的投入产出比和良好的推广应用前景。该项目成果可为国内水处理技术及水厂更新改造提供有益借鉴。

主要完成单位： 北京国泰新华实业有限公司
主要完成人员： 刘　东、程维芳、魏桂芹、刘泽山、许荣义、刘承、李琦、衡一峰、彭建东、朱金峰、黄晓勇、李辉航、李敏、邱阳
单 位 地 址： 北京市宣武区南线阁10号基业大厦　　**邮政编码：** 100053
联　系　人： 程维芳　　**联系电话：** 010-63203714
传　　　真： 010-63203714　　**电子信箱：** weifang_cheng@hotmail.com

成果名称：生物慢滤技术推广
任务来源：水利部科技推广计划项目
计划编号：TG1001

“生物慢滤水处理技术”适合于我国农村具体情况，其先进性和创新性体现在如下几个方面：

（1）通过对传统慢滤技术的滤料粒径、装填高度、滤速等重要参数的优化，生物慢滤技术更加实用，在传统技术基础上进行了创新。

（2）处理技术简单、处理效果好，对农村常见各种污染物如氨氮、浊度、重金属、色度、细菌、大肠杆菌、有机物等污染物有很好的去除效果。①对大肠杆菌的去除率高达100%；细菌总数去除率在97%以上；②对氨氮的去除率高达98.5%；③对浊度的去除率达99%以上；④对重金属的去除效果也很好，铜、镉、铁的去除率在95%以上，锰、铅、锌的去除率在60%～88%之间；⑤对有机物CODMn、TOC的去除率分别稳定在28.1%～37.1%和31%～36%。

（3）可以建设和安装在任何边远地区；可以净化各种微污染水源水如地表水、雨水、地下水等；可以就地取材，如沙子、小卵石、水箱、砖、石头等；建设成本低。在山区农村，依地势借助重力流，不需要水泵等动力，不需投加任何化学药品如絮凝剂，降低了运行成本。

（4）运行管理简单，易被农民掌握和应用。对农民进行技术培训后，生物慢滤工程的建设、运行和维护等工作都可以由当地农民完成，避免项目完成后，出现设备荒废或运转不下去等情况发生。

《生物慢滤技术推广》项目结合我国正在实施的农村饮水安全工程，在湖北省秭归县12个乡镇推广建设了小型集中式和单户分散式2种模式的生物慢滤饮水处理设施，建成集中式生物慢滤饮水处理工程94处，处理规模为10～200t/d；单户分散供水设施1128处；共解决了7.242万农民的饮水安全问题。经第三方检测，生物慢滤处理出水水质达到了国家《生活饮用水卫生标准》(GB 5749—2006)“农村小型集中供水和分散式供水部分水质指标及限值”的要求。培训农村技术管理人员100多人次。

该项目的实施，提高了农村饮水质量，减少疾病的发生；改变了干旱年份“大车小车在拉水，老人小孩在守水，壮男壮女在争水”群众抢水吃的生活状态，有效减轻了农民的劳动强度，增加农民收入；充分发挥了公共水利设施的使用效益，树立良好的政府形象，密切了党群干群关系。通过水处理设施建设与培训，当地农民自觉参加到保护水源的工作当中，可有效防止向水源水域倾倒废弃物，乱砍乱伐等现象的发生。另外，有条件的农村，还可以在水源工程附近种树养花，美化环境。

该项目对于农村饮水安全领域具有重要意义，社会、经济和环境效益显著，在我国山丘区农村具有广阔的应用前景。

主要完成单位：中国水利水电科学研究院，湖北省秭归县水务局
主要完成人员：刘玲花、刘来胜、吴雷祥、向阳、周立俊、王祖海、柳祥林
单 位 地 址：北京市海淀区复兴路甲1号　　邮政编码：100038
联　系　人：刘玲花　　联系电话：010-68781886
传　　　真：010-68582094　　电子信箱：lhliu@iwhr.com

成果名称： JYZ全自动一体化膜生物处理装置转化推广
任务来源： 国家农业科技成果转化资金项目
计划编号： 2009GB23320492

"JYZ全自动一体化膜生物处理装置"是在国家"948"计划项目引进"VHD微菌生物污水处理回用装置"的技术成果基础上，对微菌生物膜处理技术和控制系统进行了改进和优化，自主研制的一种新型的水处理装置。该装置主要由预处理系统、进水调配（均衡水流）系统、充氧系统、微菌膜装置和集水系统组成。该装置占地少、耗能低、效率高、运行稳定、管理方便、出水水质达到建设部《生活杂用水水质标准》（CJ/T 48—1999），没有二次污染、应用范围广。尤其适用于没有污水处理管网的农村、泵站、风景区、水电站、港口、船泊、高速公路服务区、地铁站以及野外作业等地区，可有效改善其生态和生活环境，生态效益显著。

该项目执行期间，在南水北调宝应泵站、解台泵站、江都泵站、蔺家坝泵站和谭绍高速公路收费站建立了5个实验示范区。并依托示范工程，组织技术人员进行培训、通过召开技术交流会等多种方式在国内进行推广。

该项目的实施，已经具备产业化生产能力，取得了显著的生态效益、经济效益和社会效益。随着社会经济的发展，人们对水资源紧缺和水环境污染的问题日趋重视。该项目成果的应用前景广阔。

主要完成单位：水利部长春机械研究所、江河机电装备工程有限公司、宜兴市华达水处理设备有限公司
主要完成人员：侯放鸣、孟庆伟、胡剑明、陈东清、王琦、曹云伟、杨洋、高国柱 韩子超、衣江杰、尹伟茜、慕建中、绍维良
单位地址：吉林省长春市南湖大路6299号　　邮政编码：130012
联系人：孟庆伟　　联系电话：13304316451
传真：0431-85952033　　电子信箱：13304316451@vip.sohu.com

成果名称： 新型高效除氟吸附材料和除氟装置研究与成果转化

任务来源： 国家农业科技成果转化资金项目

计划编号： 2010GB23320632

该项目从吸附性能、机械强度、使用寿命及卫生安全性等多方面完善优化 Fe-Al-Ce 吸附剂成型条件，在现有生产技术、生产效率和质量体系进行分析的基础上，进一步完善除氟吸附剂造粒成型工艺，形成了造粒态的 Fe-Al-Ce 高效除氟滤料产品，较现有常规除氟吸附剂吸附容量增大 3 倍以上；在高效除氟颗粒产品的研究基础上，考虑操作方便、经济适用条件，进行家用除氟装置设计和研制，集成微滤、超滤技术及紫外消毒等技术，综合改善高氟原水水质包括微生物指标，研制了适合农村家用特点的除氟装置，实现了配套定型生产，装置无需调节高氟原水 pH 值，1 年之内不需要再生。高效除氟材料和装置均实现了产业化，为进一步扩大规模生产创造了有利条件。

基于 Fe-Al-Ce 高效除氟吸附剂颗粒和集成微滤、活性炭过滤及紫外消毒等技术形成的家用除氟装置，构建了新型吸附材料与家用除氟装置共同运行管理模式，在河北清河县和北京市平谷区进行了示范应用吸附除氟装置 40 套。

该项目在北京、河北等地完成 100 人次相关人员培训；完成销售除氟装置 50 套，销售收入 11 万元，技术服务收入 10.5 万元。项目经济和社会效益显著，具有较好的推广应用前景。

主要完成单位： 中国水利水电科学研究院、中国科学院生态环境研究中心

主要完成人员： 刘文朝、张昱、邬晓梅、胡孟、赵蓓、李晓琴、魏晓明、贾燕南、宋卫坤、范冰、顾晓伟

单 位 地 址： 北京市海淀区车公庄西路 20 号　　**邮政编码：** 100048

联　系　人： 邬晓梅　　**联系电话：** 010-68786961-807

传　　　真： 010-68451169　　**电子信箱：** wuxm@iwhr.com

成果名称：智能型饮用水除氟装置的推广应用

任务来源：水利部“948”项目

计划编号：201049

该项目在江苏省丰县和安徽省利辛县高氟水地区各成功推广应用1套智能型饮用水除氟装置，对原水和处理后水的氟化物进行监测，处理后水质达到国家生活饮用水卫生标准（GB 5479—2006）；共解决高氟水地区12000人的饮水安全问题；培养除氟装置安装和调试应用技术人才6名；项目推广示范效果好，受到当地水利部门和居民的普遍欢迎。

该装置采用自主研发的除氟技术，与现有同类除氟技术相比，具有吸附容量高、除氟速度快，再生操作简单且无污染、废水量小、设备运行维护方便且费用低等特点，在农村饮水安全应用中，有着很大优势，社会、经济效益显著，推广应用前景广阔。

该项目的示范建设，解决了农村地区饮水中氟含量严重超标等难以解决的问题，提高了高氟水地区居民的身体健康和生活质量。同时，科学合理地利用了现有的水资源，保护了生态环境。该项目的推广应用，对农村饮水安全和社会主义新农村建设起到了积极作用。

主要完成单位：中国农业节水和农村供水技术协会
主要完成人员：鞠茂森、刘泽山、卞戈亚、朱克成
单 位 地 址：北京市西城区白广路二条2号　　邮政编码：100053
联 系 人：卞戈亚　　联系电话：010-63204775
传 真：010-63204775　　电子信箱：biangeya@163.com

六、河湖整治

成果名称： 全球江河水沙变化与河流演变响应
任务来源： 水利部其他计划项目
计划编号：

该项目针对全球主要江河水沙过程变异和江河水库工程建设带来的影响，利用资料分析、理论研究、数学模型、计算机模拟等多种手段，研究了全球江河水沙变化趋势及其成因、典型江河河床演变及其对水沙变化的响应、典型水库工程建设对河流演变的影响等内容，建立了全球主要江河泥沙信息管理系统，取得了重要成果。

该项目的主要创新成果：

（1）我国主要河流水沙变化规律：通过分析我国 11 条主要河流径流量和输沙量变化过程，探讨了我国主要河流水沙变化趋势及南方、北方和内陆河流的水沙变异特征。

（2）全球主要江河水沙变化特征与模式：在分析亚洲、欧洲、美洲、非洲和澳洲主要河流水沙变化过程的基础上，研究了干旱（半干旱）地区、湿润（半湿润）地区和干旱内陆河流的径流量与输沙量变化特征、模式与成因，揭示了江河水沙变异机理。

（3）典型河流水沙变异与河道演变响应机理：以长江和黄河水沙变化为例，揭示了典型河流水沙调控和洪水输沙对河道演变的影响机理；建立了黄河下游河道冲淤平衡的临界条件，提出了河道与河口海岸演变对水沙变异的响应关系。

（4）水库工程对河流演变影响与作用：通过对比国内外典型水库对库区泥沙淤积、下游河流演变与河流生态环境的影响，分析了山区河流、少沙河流和多沙河流水库工程对河流演变的影响与作用。

（5）全球主要江河泥沙信息系统：利用计算机网络和海量数据处理技术，首次建立了全球主要江河泥沙信息系统，实现了泥沙信息管理的可视化和全球信息共享；按照科学数据共享的技术标准和要求，完成了泥沙信息资源的整合，建立了全球主要江河泥沙数据库，填补了全球主要江河泥沙信息管理的空白。

该项目研究成果已在联合国世界水资源开发研究报告、联合国教科文组织项目和我国有关水利规划设计等工作中采用，产生了显著的经济、社会和环境效益。

该项目成果已通过水利部国际合作与科技司组织的科技成果鉴定，成果总体上达到国际领先水平。

主要完成单位：中国水利水电科学研究院、国际泥沙研究培训中心、清华大学
主要完成人员：胡春宏、王延贵、刘成、缪纶、张燕菁、史红玲、吴保生、张小峰、耿庆斋、卢金友、姚文艺、傅旭东、唐洪武、王冠华、路京选等
单 位 地 址：北京市海淀区车公庄西路 20 号　　邮政编码：100048
联 系 人：王延贵　　联系电话：010-68786683
传 真：010-68411174　　电子信箱：wangyg@iwhr.com

成果名称： 大型水利枢纽工程下游河型变化机理研究

任务来源： 水利部公益性行业科研专项经费项目

计划编号： 200701003

该项目以长江中下游、黄河下游和汉江中下游等河道为主要对象，采用资料分析、理论研究、数学模型计算、实体模型试验以及实地查勘等多种技术手段，对大型水利枢纽下游河型河势变化机理与调控措施进行了系统研究，取得的主要创新成果如下：

（1）首次从理论上提出了河型变化的边界约束方程，建立了模拟河型河势变化的平面二维水沙数学模型。从水流泥沙运动方程出发，研究完全由河岸起控制作用、完全由进出口边界条件起控制作用以及由进出口边界和河岸边界条件均起控制作用等三种河道边界条件下河相关系与河型变化之间的内在力学机制，推导出河型变化的边界约束方程，以此为基础建立的二维水沙数学模型，能够预测不同水沙条件下河型河势变化及其发展趋势。

（2）提出了天然河道河型转化基本模式。天然河流中顺直型、弯曲型、分汊型及游荡型等四种河型之间都存在相互转化的可能，但不同河型之间转化的几率却存在着较大的差别，主要取决于河道自身的水沙条件、边界组成和河道比降等因素，其中水沙条件是河型转化的外在主导因素，边界条件和河道比降是河型转化的内在决定性因素。

（3）揭示了大型水利枢纽下游河道河型变化机理。大型水利枢纽长期下泄清水或低含沙水流将加大下游河道河型发生变化的可能性，分汊型河道的主汊冲刷、支汊淤堵而易导致河型改变，游荡型河道由于游荡性减弱或消失而产生河型转化，弯曲型河道由于弯顶下移而导致河湾曲率增加；从长期作用结果来看，大型水利枢纽下游河道的河型具有向弯曲型转化的趋向性。

（4）首次建立了大型水利枢纽下游河型变化的综合性判别指标。剖析了不同流量和含沙量过程对河势河型变化的作用，得到了一般洪水过程只引起河势变化但不能导致河型变化，极端大洪水过程可导致河道的河型转化，含沙量的增加对河型转化具有一定的抑制作用；通过引入反映洪峰涨落度的峰型流量和河型河势变化的河型参数，建立了大型水利枢纽下游河道河型变化的综合性判别指标。

（5）预测了三峡和小浪底水库下游河道河型变化趋势，提出了综合整治和调控措施。三峡水库下游河道河型不会改变，但下游河道剧烈冲刷和局部河势调整对航道和河岸稳定具有较大的影响，需要采取稳定荆江三口分流，加强崩岸和航道整治等综合性治理措施；小浪底水库下游河道游荡性减弱，河型基本不会发生改变，需加强水沙调控促进下游稳定中水河槽的塑造和维持、控制塌滩和畸形弯道的发展。

该项目研究成果已在长江和黄河流域综合规划修编及河道治理工程中得到应用和推广，取得了显著的经济、社会和环境效益。

主要完成单位： 中国水利水电科学研究院、国际泥沙研究培训中心、长江科学院、黄河水利科学研究院

主要完成人员： 胡春宏、曹文洪、吉祖稳、方春明、卢金友、田世民、张燕菁、董占地、陈绪坚、姚仕明、王卫红、王延贵、胡海华、关见朝、黄莉等

单 位 地 址： 北京市海淀区车公庄西路20号　　**邮政编码：** 100048

联 系 人： 曹文洪　　**联系电话：** 010-68786641

传　　真： 010-68416371　　**电子信箱：** erosion@iwhr.com

成果名称：黄河宁蒙河段主槽淤积萎缩原因及治理措施和效果研究

任务来源：水利部公益性行业科研专项经费项目

计划编号：200701020

该项目采用现场调研、实测资料分析、数学模型计算、实体模型试验等手段相结合的研究方法，深入分析了宁蒙河段水沙情势、河道冲淤演变特点，全面分析了影响宁蒙河段主槽淤积萎缩的各项因素，包括降水、风积沙、支流（孔兑）来沙等自然因素和引水引沙、青铜峡水库、三盛公水库排沙、龙刘水库运用等人为因素，在此基础上，该项目研究提出了有利于宁蒙河段输沙的水沙条件，提出了恢复宁蒙河段主槽过流能力的治理措施和治理效果。恢复宁蒙河段主槽过流能力的治理措施，包括南水北调西线调水工程、调整龙刘水库运用方式、修建大柳树水库、挖河、十大孔兑治理等措施。

该项目成果的创新点如下：

（1）全面系统的整理分析了宁蒙河段50多年实测的干流、支流、引水引沙、风积沙及大断面等资料，利用沙量平衡法和断面法进行了宁蒙河段冲淤量计算及对比分析，论证了宁蒙河段冲淤量成果的合理性。

（2）深入研究了宁蒙河段不同量级洪水输沙及冲淤特性、来水来沙与河道冲淤量关系，首次提出了有利于宁蒙河段输沙的水沙条件及河道冲淤变化的临界控制性指标。

（3）首次对龙羊峡、刘家峡水库调蓄运用以来的洪水期和平水期水沙进行还原，并利用数学模型研究了龙刘水库运用对宁蒙河道的冲淤影响。

（4）结合动床模型试验，研发了宁蒙河段二维水动力学数学模型，在宁蒙河段不同量级洪水演进及洪水位等方面的模拟技术有新的进展。

（5）在全面分析影响宁蒙河段淤积影响因素的基础上，指出了宁蒙河段主槽淤积萎缩的原因，提出了恢复宁蒙河段主槽过流能力的治理措施，并深入分析了各种治理措施的效果。

该项目研究成果已应用于《黄河流域综合规划》、《黄河黑山峡河段开发方案论证》、宁蒙河段防洪防凌调度运行及其他治黄工作规划中。

该项目研究成果为黄河宁蒙河段的河道治理提供了科学依据，已在宁蒙河段的河道治理规划设计和生产实践中得到应用，产生了显著的社会、经济和环境效益。

主要完成单位：黄河勘测规划设计有限公司、华北水利水电学院

主要完成人员：张厚军、周丽艳、孙东坡、鲁俊、张建、万占伟、罗秋实、段高云、崔振华、张羽、钱胜、廖晓芳、马翠丽、毛陆春、王鹏涛

单位地址：河南省郑州市金水路109号　　邮政编码：450003

联系人：鲁俊　　联系电话：0371－66023489

传真：0371－65978156　　电子信箱：393956425@qq.com

成果名称：小浪底水库运用方式对高滩深槽塑造及支流库容利用研究

任务来源：水利部公益性行业科研专项经费项目

计划编号：200701044

该项目采用理论研究、实测资料分析、数学模型计算、实体模型试验等多种手段，紧密围绕小浪底水库延长拦沙年限和长期保留有效库容的关键技术问题深入研究，主要内容有：小浪底水库入库水沙条件研究；水库排沙和降低水位冲刷的调控指标研究；小浪底水库淤积形态分析；冲刷模式和数学模拟技术研究；水库冲刷水位及冲刷时机研究；不同水库运用方式对水库冲淤形态影响研究；水库拦沙库容和有效库容论证。

该项目成果的创新点如下：

（1）系统研究了水库不同水沙条件的输沙效果、不同运用方式对库区冲淤形态的影响、降低运用水位冲刷时不同出库流量和历时条件下水库的冲刷效果、冲刷部位、冲刷形态及恢复库容效果，首次提出了小浪底水库高效排沙和冲刷的调控指标，为延长小浪底水库拦沙库容使用年限提供了科学依据。

（2）深入研究了库区沿程冲刷、溯源冲刷及复合冲刷模式、影响因素和冲刷效果。深化了水库泥沙数学模型的研究，在干流倒灌支流淤积、水库降低水位冲刷模拟技术方面取得了新的突破。

（3）考虑黄河水沙条件变化、泥沙淤积物固结、水库敞泄排沙和库区冲刷的条件及黄河下游河道减淤要求等多种因素，首次明确了小浪底水库开始冲刷的库区淤积量范围、冲刷时机和冲刷方式、库水位下降速率和最低冲刷水位。

（4）对逐步抬高坝前水位的拦粗排细运用方式和多年调节泥沙、结合下游冲淤相机降低库水位冲刷运用方式进行分析论证，首次得出了小浪底水库不同运用方式与高滩深槽塑造及支流库容有效利用的响应关系。

（5）首次分析了小浪底水库支流库容的可利用程度，为客观评价小浪底水库干支流的拦沙库容提供了技术支撑。

该项目研究成果已应用于《小浪底水利枢纽拦沙后期（第一阶段）运用调度规程》、《黄河流域综合规划》修编和其他治黄工作规划设计中。

该项目研究成果已经用于指导小浪底水库实际调度和调水调沙运行方式。研究提出的水库冲刷模式、排沙和冲刷的调控指标、冲刷模拟技术、降水冲刷时机、高滩深槽塑造和支流库容有效利用等创新性成果，在多沙河流水库调度实践中可进一步推广应用，持续发挥显著的社会、经济和环境效益。

主要完成单位：黄河勘测规划设计有限公司、黄河水利委员会黄河水利科学研究院

主要完成人员：李文学、安催花、付健、刘继祥、张俊华、万占伟、陈松伟、马怀宝、韦诗涛、李庆国、李涛、张厚军、王婷、钱胜、廖晓芳

单位地址：河南省郑州市金水路109号　　邮政编码：450003

联 系 人：安催花　　联系电话：0371-66026563

传　　真：0371-65978156　　电子信箱：anch@yrec.cn

成果名称： 河口建闸引起的水沙环境变化和综合治理研究

任务来源： 水利部公益性行业科研专项经费项目

计划编号： 200801016

以海河流域和苏北沿海建闸河口为研究对象，通过实地调查和资料分析，了解不同类型建闸河口的潮波变形规律、水沙输移特性和滩槽演变趋势，研究闸下淤积的关键控制因素，确定建闸河口水沙变化与闸下淤积的响应关系。

根据闸下淤积严重程度，进行危害分类和风险评估，结合闸下清淤的工程实践，从经济和实用层面对不同类型建闸河口的防淤减淤提出有效措施。

针对不同类型的建闸河口，研究闸位选址、闸孔设计、闸下清淤、河道管理和排水调度等，研究建闸河口水资源开发、水环境保护及清淤弃土的综合利用。

对纳潮冲淤、调水冲淤、快速清淤等防淤减淤方法进行技术总结，在此基础上研究建闸河口防洪安全对策，提出建闸河口综合治理的规划原则。

该项目成果的关键技术或创新点如下：

（1）解决了近闸淤积分布模拟不相似的难题，发展了河口闸下淤积试验和数值模拟的关键技术。

（2）发展了挡潮闸防淤减淤设计理论，提出了建闸河口安全运行的保障条件，对建闸河口设计和运行管理具有重要的指导作用。

（3）提出了建闸河口综合治理与闸下河道防淤减淤相结合的原则和方法，为闸下清淤减淤、防洪排涝、水土利益及航运资源开发等提供技术支撑。

该研究成果已应用于江苏沿海建闸和天津海河口治导线制定、永定新河河口建闸工程、福建木兰溪河口建闸等工程。

该研究成果对进一步提高我国建闸河口防洪减灾、水土资源综合利用和水环境与生态保护以及对沿海开放具有重大社会效益；为合理开发建闸河口资源提供坚实的理论和技术支撑，对已建河口闸门改建、调度运营方式制定、综合效益发挥以及河口资源合理开发利用，将产生显著的经济效益。

主要完成单位： 南京水利科学研究院、河海大学

主要完成人员： 窦希萍、赵晓冬、辛文杰、王向明、孙林云、龚政、高祥宇、张长宽、张新周、韩信、贾宁一、丁贤荣、曲红玲、徐雪松、陈静等

单位地址： 江苏省南京市广州路223号　　**邮政编码：** 210029

联系人： 沙海飞　　**联系电话：** 13915975513

传真： 025-83722439　　**电子信箱：** hfsha@nhri.cn

成果名称： 河道内并联水路多级强化水质净化生态技术

任务来源： 水利部科技推广计划项目

计划编号： TG1034

该技术以再生水水源为处理对象，是一种以水力合理调度为基础，以水质生态强化净化为核心，采用多级水质净化程序实现再生水的脱氮除磷和水质理化条件改善，具有良好的水质净化功能的生态水处理技术。消化吸收该项技术，对于解决以再生水为补水水源的河道水环境问题，提高河道生态治理技术水平具有重要意义。

该技术成果在永定河结合园博园水源净化工程建设示范工程1处，面积1500m^2。示范工程集成了4项北方城市河道水质改善和生态修复的新技术。

（1）生态适宜的水流流态优化技术。

（2）污染缓冲强化的生态护岸模式。

（3）水质强化净化的生态工程适宜技术。

（4）防洪功能约束下的水质净化技术组合与集成处理。处理再生水量450m^3/d，开展了示范工程的监测与评估，总氮、总磷去除率30%以上，达到了预期设计目标。

该技术与常规污水处理厂比较，全过程无二次污染，吨水投资节约50%，运行费节约85%，投资少、占地小、低耗能、维护和管理均较为方便，总氮去除效率33%，总磷去除率42%，尤其适用于不具备通电条件的野外环境使用。对于解决以再生水为补水水源的河道水环境问题，提高河道生态治理技术水平有重要意义，社会、经济、环境效益显著，具有良好的应用推广前景。

主要完成单位： 北京市水利规划设计研究院、中国水利水电科学研究院

主要完成人员： 刘培斌、彭文启、殷淑华、高鹏杰、卢金伟、魏炜、尚彩霞、宫晓明、陈俊、姚芳、井艳文、张颂、张清靖、吴文强、高博

单位地址： 北京市海淀区车公庄西路21号　　**邮政编码：** 100048

联系人： 尚彩霞　　**联系电话：** 010-88823236

传真： 010-68411155　　**电子信箱：** caixshang@163.com

成果名称：SSYA600 型气动式深水清淤机
任务来源：水利部科技推广计划项目
计划编号：TG1048

该项目依托三峡库区万州区晒网坝段的深水清淤，对“SSYA600 型气动式深水清淤机”进行了熟化完善，通过增加空气调节装置、射流装置及优化泥沙分离装置等措施，使清淤机生产能力提高了 17%（针对砂砾石，生产能力由 629t/h 提高到 736t/h），实施期内完成清淤量 100.10 万方。该项目完成了规定的任务，达到了任务书规定的考核指标。

该项目关键技术在于“深水物料采集技术”及“吸入口伸缩密封技术”，这两项关键技术的突破，解决了砾石、轮胎、编织袋等易缠绕堵塞问题，提高了清淤机的工作可靠性和生产效率，并且达到最大挖深 120m、疏浚径向尺寸＜ 600mm 以下的各种物料的能力。

该项目中“气动式深水物料采集技术”获得实用新型专利（专利号：ZL200620074192.1）；“吸入口伸缩密封技术”获得实用新型专利证书（专利号：ZL200820036896.9）。

该清淤机成功解决了深水（10m ～ 120m）清淤问题，可清除粒径＜ 600mm 的各种水下淤积物，针对砂砾石的生产能力为 736t/h（441m^3/h），油耗 0.18kg/t（0.30kg/m^3）。

通过实施本项目，形成了以重庆市三峡库区万州区深水清淤作业为主要内容的示范基地，先后接待了湖北长江疏浚清淤有限公司、重庆大学等业内专家学者的考察访问，进一步提高了产品的知名度；承接了二滩水电开发有限公司锦屏二级水电站电站进水口、尾水出口“四汛”、“五汛”清淤项目，使该产品技术在国内的实际应用迈出了坚实的一步。

该项目对于大中型水库库区、坝前等深水清淤具有重要推广意义，同时也可推广应用在港口、航道疏浚、近海采矿等领域。

主要完成单位：江苏省江阴市水利农机局、江苏省江阴市水利机械施工工程有限公司
主要完成人员：张忠良、席卫平、丁慧文、张雄金、刘仲明、刘小乐、张元金、王述前、严效源
单 位 地 址：江苏省江阴市澄江中路 9 号　　邮政编码：214431
联 系 人：邹明忠　　联系电话：13961681258
传 真：0510-86861318　　电子信箱：605787418@qq.com

成果名称：脉冲射流水下高效清淤冲沙关键技术研究
任务来源：水利部公益性行业科研专项经费项目
计划编号：200801011

通过模拟不同水深下的自激脉冲射流装置性能与冲蚀效果试验，研究确定了高性能自激脉冲射流装置的结构参数与运行参数的最佳配比范围，揭示了高性能自激脉冲射流装置冲击的机理；研究了影响自激脉冲射流装置性能的技术参数，阐明了喷嘴结构、射流强度和靶距与装置性能之间的关系，建立了自激脉冲射流冲蚀效果的计算公式；运用自行设计制造的模拟不同水深（10～60m）的试验装置和稳压技术，开展了不同水深下低压大流量自激吸气式脉冲射流装置性能，初步确定了其高性能的结构参数和运行参数；模拟试验了不同水深条件下的自激吸气式脉冲射流的冲蚀效果，探讨了自激吸气式脉冲射流装置提高冲蚀效果的机理；结合小浪底水库的淤积特点，初步提出小浪底水库高效清淤冲沙技术方案。

该项目成果的关键技术或创新点如下：

（1）确定了自激脉冲射流喷嘴装置性能参数与结构参数之间的最佳配比范围，研制的高性能脉冲射流喷嘴装置可应用于不同的工程领域。

（2）研制了基于深水条件下的自激吸气式脉冲射流喷嘴装置，提出了自激脉冲射流喷嘴装置的吸气方式和不同水深与吸气量、工作压力及脉冲射流打击力之间的最佳配比。

（3）研究了不同水深条件下的自激吸气式脉冲射流喷嘴装置的冲蚀效果，探明了自激吸气式脉冲射流喷嘴装置冲蚀能力与水深及工作压力之间的关系；自激吸气式脉冲射流提高了泥沙在水中的悬浮高度和浓度。

（4）采用大涡模拟技术结合空化模型，对脉冲射流装置内非定常流动进行数值计算，获取了其内部空化流动的非定常特性，得到不同时刻流动的速度分布、压力分布和汽相体积分布，揭示了脉冲射流的机理。

自激吸气式脉冲射流装置，提供能源低于连续射流，耗能较少，排沙单价降低。采用自激吸气式脉冲射流装置后，由于气体的悬浮作用，增加了泥沙的悬浮时间，使悬浮泥沙输送距离加大，可增大清淤范围，提高年清淤量，所以自激吸气式脉冲射流具有广泛的应用前景。

该项目研究成果已在河道和泵站工程清淤得到了推广应用，较常规清淤方法提高了工作效率5.7%～7.4%，提高了河道泄洪能力和泵站的工作效率，成果对于我国大型水库，特别是黄河小浪底水库的泥沙清淤有着极为重要的意义，对于保证区域经济发展起到重要的作用。

主要完成单位：华北水利水电学院、黄河水利科学研究院
主要完成人员：高传昌、王普庆、刘新阳、王松林、汪顺生、孙东坡、杨勇、雷霆、王玉川、陈豪、冯金光、徐维晖、李君、张晋华、曹永梅等
单位地址：河南省郑州市北环路36号　　邮政编码：450011
联系人：刘新阳　　联系电话：15037185387
传真：0371-69127591　　电子信箱：lxywd2008@126.com

[七、水土保持]

成果名称：中国水土流失防治重大问题研究
任务来源：科技部相关计划项目
计划编号：

该项目在科学考察和系统总结我国水土流失防治成效与经验教训的基础上，针对不同类型区水土流失演变规律和防治模式及关键技术、生产建设项目诱发水土流失规律及关键防治技术、水土流失对国家经济社会持续发展的影响和水土保持发展战略等我国水土流失防治重大问题，进行了全面、系统、科学的研究与集成，取得了丰富的研究成果。

该项目的主要创新点如下：

该研究项目实现了水土保持领域科技问题的系统集成创新和关键指标从定性到定量的提升。

（1）揭示了我国七大水蚀区水土流失演变规律，提出或完善了水土流失分区方案，集成了各区的治理模式与关键技术。

（2）系统地阐明了我国生产建设项目水土流失现状、特征及危害，提出了防治模式与关键技术。

（3）提出了西南岩溶石漠化区和东北黑土区的土壤侵蚀强度分级标准，揭示了北方农牧交错区水风复合侵蚀规律和西南岩溶石漠化区水土流失特征。

（4）提出了水土流失严重指数，阐明了全国水土流失严重性和危险程度，定量揭示了水土流失与贫困的关联程度。

（5）构建了水土流失损失和水土保持效益定量评价指标和方法体系，评价了水土保持对经济、社会、生态环境及可持续发展的作用。

（6）提出了新时期我国水土保持发展的六项战略，即：保护优先、综合治理、分区防治、项目带动、生态修复、科技支撑。

该项目成果推动了《中华人民共和国水土保持法》的修订，推动了国家重大水土保持规划、重点水土流失防治工程和重大水土保持科研项目的编制、立项与实施；提出的发展战略和政策建议，进一步推动了国家水土保持重要政策或制度的出台，产生了显著的生态、经济和社会效益，将对今后我国水土保持事业发展和学科建设起到重要的促进作用。

该项成果已通过水利部国际合作与科技司组织的科技成果鉴定，成果总体达到国际领先水平。

主要完成单位：水利部水土保持监测中心、中国科学院水利部水土保持研究所、中国科学院水利部成都山地灾害与环境研究所、中国科学院地理科学与资源研究所、中国科学院东北地理与农业生态研究所、中国科学院南京土壤研究所、中国地质科学院岩溶地质研究所、中国科学院寒区旱区环境与工程研究所、水利部发展研究中心
主要完成人员：刘震、傅伯杰、高中琪、郭索彦、刘国彬、崔鹏、李秀彬、阎百兴、蒋忠诚、王涛、梁音、李智广、毛志锋、王冠军、宁堆虎
单位地址：北京市西城区白广路二条2号　　邮政编码：100053
联系人：李智广　　联系电话：010-63207087
传真：010-63207090　　电子信箱：lizhiguang@mwr.gov.cn

成果名称： 基于河流健康保护的土地利用模式研究

任务来源： 水利部公益性行业科研专项经费项目

计划编号： 200701031

该项目以保护河流健康为核心，从流域土地开发利用及其生态环境效应入手，主要开展以下三个方面研究工作：

（1）建立土地利用—水量、水质响应模型，研究土地利用对流域产水、产沙、产污过程的影响，确定生态脆弱区域。

（2）分析河流健康的内涵，提出健康河流的生态特征，确定生态径流过程和水量、水质要求。

（3）通过建立的土地利用—水量—水质相应模型，分析不同土地利用模式对河流健康的影响分析，提出保护河流健康的土地利用模式方案和管理策略。

该项目成果的关键技术或创新点如下：

（1）提出了由水域子系统、水陆缓冲带子系统和陆域子系统三个方面组成的河流健康保护体系。

（2）分析了研究区河流水文情势和水生态与环境状况，确定了维持河流健康的生态流量阈值，提出了河流生态保护目标。

（3）基于SWAT模型建立了具有区域特色的土地利用—水量—水质耦合模型，为实现不同土地利用模式下流域产流、产沙、产污时空变化的全过程模拟，提供了计算平台。

（4）确定了不同土地利用模式下流域产汇流变化特征，分析了不同土地利用情景对河流健康的影响，提出了有利于河流健康的土地利用模式。

该研究成果已在淮河上游的水土保持、河流生态保护、河道生态建设方面得到推广应用，取得显著的生态、经济和社会效益。提出的不同土地利用下的产流、产沙、产污参数化方案，为资料缺乏或无资料地区的土地利用模式制定提供经验性参数范围。建立的基于河流健康保护的生态水文模型对其他流域河流健康保护工作具有示范和借鉴作用。

土地利用－水量－水质耦合模型的研制、河流健康和土地利用响应关系的建立，丰富了河流健康保护、流域综合管理的理论和内涵，促进了水文学和生态学等交叉领域的研究，具有重大的理论价值。

该项目提出的在流域尺度开展河流健康保护的建议，对流域土地利用规划、源头污染控制，解决流域土地利用方式与河流健康的矛盾等具有参考价值，对维持流域生态安全和水资源安全，保障生态系统持续不断地为人类提供福利，实现社会—经济—生态复合系统的可持续发展，具有重大意义。

主要完成单位： 南京水利科学研究院、河海大学

主要完成人员： 丰华丽、李琼芳、陆海明、王立群、曹阳、朱乾德、蔡涛、黄昌硕、王高旭、陈黎明、夏自强、陈启慧、瞿思敏、方秀琴、石鹏等

单位地址： 江苏省南京市广州路223号　　**邮政编码：** 210029

联系人： 沙海飞　　**联系电话：** 13915975513

传真： 025-83722439　　**电子信箱：** hfsha@nhri.cn

成果名称：黄土高原土壤侵蚀预测预报技术推广
任务来源：水利部科技推广计划项目
计划编号：TG1011

该项目基于“948”引进项目“黄土高原土壤侵蚀预测预报技术的GIS系统”研究与开发的成果，采用技术辅导和集中培训等方式，在陕西省延安市和榆林市推广了快速获取黄土高原地区流域下垫面信息与建立土壤侵蚀预测预报数据库技术、土壤侵蚀预测预报模型建立及模拟技术、土壤侵蚀预测预报结果的应用技术。

在该项目执行过程中，运用GIS/RS技术，快速获取了推广地区（大理河流域和清涧河流域，面积约7500km^2）的地形、植被、土壤及水土保持措施等下垫面因子，并建立了土壤侵蚀预测预报数据库；完善了土壤侵蚀模型和土壤侵蚀预测预报信息系统，提高了土壤侵蚀预测预报精度。

该项技术中的快速获取流域下垫面信息与建立土壤侵蚀预测预报数据库技术，可以为我们及时掌握流域下垫面信息，开展流域综合治理提供科技支撑，该技术可以应用在区域（或者流域）水土保持规划和土地利用规划等领域。土壤侵蚀模型建立与土壤侵蚀预测预报技术，可以预测和评估小流域产流产沙量，为小流域坝系建设规划与设计提供技术支撑。

项目执行过程中形成的成果为推广地区开展土壤侵蚀快速预测预报和水土保持规划提供数据基础条件和技术支撑。推广工作实践证明，应用基于GIS和RS的快速获取下垫面信息与建立土壤侵蚀数据库技术，节省了用于土壤侵蚀因子调查及土壤侵蚀强度调查的人力物力，减少相关经费投入40%以上，而且节省土壤侵蚀调查的时间50%以上。项目社会经济与生态效益显著，推广应用前景广阔。

主要完成单位：黄河水利委员会黄河水利科学研究院、河南大学、延安市水利局、榆林市水利局
主要完成人员：史学建、王玲玲、肖培青、秦奋、马涛、韩志刚、李莉、彭红、黄静、孙维营、孙娟、姚文艺、陈江南、刘宇梁
单位地址：河南省郑州市顺河路45号　　邮政编码：450003
联系人：史学建　　联系电话：0371－66025352
传真：0371－66025352　　电子信箱：sxuejian@163.com

成果名称：黄土丘陵缓坡风沙区生态修复技术

任务来源：水利部科技推广计划项目

计划编号：TG1058

该项目是在《晋西北黄土丘陵缓坡风沙区生态退化特征及修复技术》研究成果的基础上，全面系统地分析了区域生态系统退化的历史根源、气候影响、现代人类活动干扰等因素，针对该区域物种资源贫乏，生态系统逐渐退化，生态环境极度脆弱等特点，提出了符合区域特征的生态修复技术，在山西省大同市新荣区建立了退耕地与荒坡植被恢复营建技术示范面积 11.2km^2，与原有治理成果相结合，形成了较为完整的水土保持防护体系，具有较高的科技含量，可作为长期的水土保持科技示范基地。

该项目主要成果体现在：

（1）建立示范区总面积 11.2km^2，水土保持生态建设面积 10.35km^2，超额完成规定指标 3.1%；

（2）水土保持治理度达到 92.4%；超额完成规定指标 15.5%；

（3）示范区内土壤侵蚀模数平均减少 61.6%，超过计划任务书下达的 60% 以上的目标；

（4）培训当地技术人员 118 人，超过规定任务的 7.3%。

该项目辐射带动了《晋西北黄土丘陵缓坡风沙区生态退化特征及修复技术》在京津风沙源区水土保持生态环境建设中的应用，取得了显著的社会、经济、环境效益，应用前景广阔。

主要完成单位：山西省水土保持科学研究所

主要完成人员：贾志军、王小平、聂兴山、李金峰、薛丽萍、王永峰、崔峰

单 位 地 址：山西省太原市迎泽区郝家沟街汇隆花园　　邮政编码：030013

联 系 人：薛丽萍　　联系电话：0351-4399509

传 真：0351-4399509　　电子信箱：sbsxlp@163.com

成果名称：黄土高原农牧交错带生态恢复机理和关键技术研究

任务来源：科技部相关计划项目

计划编号：2006BAD09B06

该项目研究针对黄土高原农牧交错带景观结构异质性、生态环境脆弱性，气候干旱、植被稀少、水土流失严重等特点，基于区域生态安全、环境改善和可持续发展的要求，从植被恢复的生理生态机理、生态恢复关键技术、综合环境效应和经济效应评价、生态补偿对策等方面开展了深入全面的多学科综合研究。其主要科技成果和创新点如下：

（1）揭示了该区域主要乔灌植被恢复的生理生态机理及其与环境因子协同变化规律，提出了基于水资源承载力的林分密度和植被覆盖率，确定了不同立地的适生植物和恢复模式，形成了较为完整的植被恢复关键技术体系。

（2）建立了县域生态建设工程生态环境效应综合评价指标体系，开发了基于GIS的生态环境数据管理平台，提出了基于RS的森林资源评价技术，构建了基于GIS和RUSLE的流域中小尺度侵蚀评估技术。

（3）以吴起县为例，构建了县域生态建设工程投入—产出动态评价体系、生态服务功能和环境产业价值评价体系，提出了生态工程可持续发展的补偿措施和配套对策。

（4）研究了该区域危害主要造林树种的有害生物种类、危害特征及其综合防治技术，发现了蚤草、黄花羊角蒿和坚硬女娄菜以及柠条长角象在该区的新分布，发现的玄裳眼蝶、牧女珍眼蝶、蓝燕灰蝶、青灰蝶和白斑新灰蝶为陕西省新记录种。

在吴起、神木和准格尔旗分别建立了试验示范基地，示范推广30多万亩，示范区植被覆盖率提高60%～85%，综合治理度达85%以上，土壤侵蚀模数减少38%～65%，为该地区退耕还林还草的实施起到科技支撑作用，促使吴起县和准格尔旗成为国家水土保持生态文明县。相关技术和模式在晋、陕、蒙、甘、宁、青等地辐射推广近1000万亩。该成果已应用于《黄土高原水土保持植被建设规划》，产生了重要的生态、经济和社会效益，推广应用前景广阔。

该项目成果已通过水利部国际合作与科技司组织的科技成果鉴定，成果整体上达到了国际先进水平，在县域生态建设工程投入—产出综合评价方面，达到了国际领先水平。

主要完成单位：中国水利水电科学研究院、吴起县人民政府、国际泥沙研究培训中心、西北农林科技大学、北京林业大学、水利部水土保持植物开发管理中心、延安大学、中国科学院水利部水土保持研究所

主要完成人员：刘广全、薛占海、王鸿　、朱清科、王彦龙、土小宁、焦醒、吴宗凯、秦伟、刘长海、杜峰、姚顺波、常庆瑞、李文华、赵鹏祥

单位地址：北京市海淀区复兴路甲1号　　邮政编码：100038

联系人：刘盈斐　　联系电话：010-68785857

传真：010-68785857　　电子信箱：yfliu@iwhr.com

成果名称：岩溶区水土保持动态监测与管理技术在水土流失普查中的推广应用

任务来源：水利部“948”计划项目

计划编号：201008

该项目成果包括水土流失普查现场信息移动采集系统和水土保持监测信息管理系统，通过两套系统的协同工作，实现了水土流失调查信息录入、现场照片的拍摄和管理、GPS定位和坐标信息录入、数据传输、遥感影像数据和地理信息浏览、水土流失调查数据接收、水土流失数据编辑、遥感解译标志自动建立等功能。

系统由集成GPS模块的采集终端对边界、属性、照片、位置等信息进行现场采集，传回“信息管理系统”后，基于位置关系自动集成，并自动化的更新，从而形成采集、传输、管理一体化无缝链接的地理信息外业调查与管理系统。

该项目主要创新点体现在：

（1）集成了水土保持行业外业调查的流程、规范、需求等，实现了空间数据、属性数据、照片数据等多源数据的一体化采集。

（2）通过地理信息外业调查系统和数据集成管理系统的协同工作，实现了数据采集、远程传输和集中管理等流程上的数字化无缝链接。

（3）采用创新的基于自然地理位置关系的集成方式，实现了水土保持外业调查的多源数据集成与管理。

关键技术体现在以集成化为核心，通过一套集成化的解决方案，将设备、信息、流程、规范进行有机集成，使传感器设备信息的采集实现自动化、各类信息与规范实现集成化、工作流程实现一体化。实现水土流失监测信息采集的全数字化流程。

包括三个重要集成思想的实现：

（1）数据与流程的集成。以数字化媒介代替纸质媒介，整合空间数据和业务数据，在野外调查环节产生电子成果数据，紧凑数据与流程的关系。

以位置信息集成的方式管理属性数据、照片数据以及边界位置等矢量数据。降低数据之间的耦合度，实现各数据之间的有机集成。

（2）软硬件的集成。应用3S技术，以C/S为架构，借助ArcEngine，HiMap二次开发平台软件，以工业PDA（集成了GPS模块）或者平板电脑（集成蓝牙GPS模块）为硬件载体，实现软硬件集成。

（3）规范的集成。融合规范文件于属性表格填写流程，提高正确率和规范性。

该项目技术指标方面，通过中国赛宝实验室的专业测试，从系统的功能性、可靠性、易用性、可移植性等方面进行了认定。

经济指标方面，在典型情况下，该系统使用“PDA+个人电脑+独立相机”的集成方案工作。购买一套工业PDA型GPS手持机、一套移动端外业采集系统、一套管理端数据集成管理系统一共的投资成本约2万元，运行操作时无其他费用。工业PDA型GPS手持机作为固定资产，可重复应用于其他项目和任务。

该项目成果已成功应用于全国第一次水利普查中的水蚀外业调查工作。在广西柳州柳南区、柳城县、融安县，广东梅州梅江区、五华县、兴宁市，海南省等地都得到应用。该项技术还可推广应用于省、市、县各级政府开展的水土流失普查工作和水土保持动态监测和管理工作。

主要完成单位：珠江水利科学研究院

主要完成人员：余顺超、王敬贵、杨德生、刘超群、唐庆忠、陈冬奕、喻丰华、曾麦脉、陈黎、伍容容、卢敬德、余文波、曹珮、范建友

单位地址：广州市天河区天寿路80号　　邮政编码：510611

联系人：刘春玲　　联系电话：020-87117188

传真：020-87117467　　电子信箱：cuckoolucy@gmail.com

成果名称：红壤侵蚀区坡面水土综合整治技术集成与示范

任务来源：水利部公益性行业科研专项经费项目

计划编号：200901049

该项目从坡面水土综合整治关键技术的研究入手，通过大量的试验研究与示范，构建了红壤侵蚀区水土综合整治技术体系，包括蓄水保土、坡面水系工程优化配置、农路基础设施配套和水土保持耕作等四项关键技术；利用“3S”技术构建了江西红壤典型区数字小流域，进行了水土流失动态效益监测。

该项目通过试验示范，分析了梯田、山边沟、横坡耕作以及植物篱等坡面整治技术的适用性，为在南方红壤区坡耕地的推广应用奠定了基础；构建了两种坡面水系优化配置模式，量化了坡面雨水再分配，研究了坡面水系调控机理，阐明了坡面水系工程的经济、生态和社会效益；集成了以香根草等植物篱与生物敷盖相结合的缓坡红壤旱地水土保持技术，并草拟了《红壤缓坡耕地香根草篱耕作覆盖技术规范》；建立了基于“3S”技术的红壤侵蚀区坡耕地整治水土流失动态监测技术和方法；提出了红壤坡地植草农路、级配农路等农路配套技术。

在项目的实施过程中建立了9个具有不同代表性的试验示范基地，基地总面积达32.4hm^2，并发挥了良好的辐射作用，辐射推广面积达599.7hm^2。

通过该项目的实施，示范基地内通过控制水土流失，生态环境明显改善，水土流失治理度达75%～90%，植被覆盖率达70%～80%，减沙效率75%～90%，人均纯收入增长比当地平均水平高30%以上。依托该项目，培养专业技术人员13人，培训县、乡、村基层技术人员350余人次，锻炼和培养了一支刻苦钻研的水土保持和生态环境建设科研队伍；该研究成果将为生态脆弱区生态系统的和谐与稳定提供参考，可以为红壤侵蚀区坡面水土综合整治提供技术支撑和典型带动作用，在坡耕地综合整治中具有很好的应用前景。

主要完成单位：江西省水土保持科学研究院

主要完成人员：杨洁、方少文、郑海金、汪邦稳、陈晓安、杨勤科、宋月君、叶川、肖胜生、莫明浩、涂安国、姚志宏、黄欠如、廖铁群、王凌云

单位地址：江西省南昌市青山湖南大道290号　　邮政编码：330029

联系人：宋月君　　联系电话：0791-88828171

传真：0791-88828162　　电子信箱：well3292@126.com

成果名称： 水土保持措施调控鄱阳湖径流泥沙技术研究

任务来源： 水利部公益性行业科研专项经费项目

计划编号： 200801066

该项目分析了江西省鄱阳湖流域水质水量时空变化规律，以赣江流域为例，分析了径流泥沙变化的趋势；开展了于都、宁都、德安的坡面径流小区和小流域监测和人工模拟降雨试验，研究了水保措施控制径流泥沙和面源污染的效应，提出了典型水土保持优化配置模式；建立了鄱阳湖流域典型区域径流泥沙影响因子库，初步构建了“水土保持—径流泥沙—面源污染”关系模型和典型区域水体污染预警系统。

该项目分析了赣江流域泥沙变化与水土保持的对应关系；研究了不同土地利用类型人工降雨条件下产流产沙机理，建立了控制径流泥沙及面源污染的典型水土保持措施配置方式；建立了典型流域径流泥沙与面源污染物的关系，初步构建了典型流域“水土保持技术—径流泥沙—水体污染”模型；开发了鄱阳湖流域典型区域水体污染预警系统。

通过该项目研究，已完成4个试验点和2个示范区的建设，在实施中充分发挥示范、辐射作用，促进项目研究成果向现实生产力转化。在该项目的实施过程中建立了具有调控径流泥沙作用的水土保持措施优化配置示范区2个，总面积达47.76km^2 。

通过该项目的实施，示范区生态环境得到改善，减沙率达78%，农业生产能力得到提高，经济效益有所增加，示范基地内人均纯收入比当地水平高34%；依托该项目，培训基层技术人员50余人，培养了一批水土保持生态建设的技术人才，锻炼了一支团结协作的科研队伍；研究成果可为解决鄱阳湖流域水土流失和水环境问题提供重要的科技支撑，不仅丰富了水土保持技术体系，而且为加快鄱阳湖流域生态环境管理进程提供了重要的科学技术手段。

主要完成单位： 江西省水土保持科学研究院

主要完成人员： 方少文、杨洁、汪邦稳、莫明浩、郑海金、宋月君、李小强、汤崇军、梁音、杨勤科、姚志宏、任盛明、余淑娴、陈涛、张利超

单位地址： 江西省南昌市青山湖南大道290号　　**邮政编码：** 330029

联系人： 宋月君　　**联系电话：** 0791—88828171

传真： 0791—88828162　　**电子信箱：** well3292@126.com

成果名称：建设项目扰动土侵蚀模数测试及侵蚀规律研究
任务来源：水利部公益性行业科研专项经费项目
计划编号：200801025

该项目取得的成果有：①采用人工模拟降雨与变坡钢槽相结合的方法首次确定了沙土（高沙土、沿海平原沙土、黄河古道沙土）、宁镇扬丘陵山区土壤等侵蚀模数；②通过采取典型调查、野外测试和室内测试相结合方法研究扰动土壤侵蚀规律，计算出江苏省不同地区扰动土壤侵蚀模数，绘制出不同坡度的扰动土壤侵蚀模数分布图；③建立了人工模拟降雨试验平台，改进了移动式变坡钢槽；④研制出一种现场监测新型沉砂池，取得实用新型专利一项。

该成果的关键技术或创新点：

该项目的关键技术和难点在于如何合理设计现场试验以使其试验结果具有普遍性及适用性和如何正确建立土壤侵蚀模型及模型中各参数的取值。

该项目的创新点在于首次在江苏省大规模开展建设项目扰动土侵蚀模数的研究，为水土流失防治和工程建设水保方案编制提供基础数据，填补省内相关资料的空白。通过此项研究初步给出江苏省沿海平原沙土区、沿江高沙土区、废黄河古道高沙土区和宁镇丘陵山区地区建设项目扰动土土壤侵蚀模数及侵蚀规律，为正确预测各地区建设项目水土流失量、有效防治水土流失提供依据，为正确划定水土保持分区、科学绘制水土流失分布图提供技术支撑。

我国目前的水土流失形势异常严峻，防治水土流失已经成为刻不容缓的任务，开发建设类项目都需要编制水土保持方案，实行“三同时”制度。本项目成果可为全省水土保持方案编制、水土流失治理提供基础资料和技术支撑，因地制宜采取防范措施，科学制定治理方案，也可供其他省份借鉴参考，具有广泛的应用前景。

该项目研究成果为正确预测建设项目水土流失量、有效防治水土流失提供依据，为正确划定水土保持分区、科学绘制水土流失分布图提供技术支撑。立项的开发建设项目编制水土保持方案可以依据本研究成果对侵蚀模数进行取值，避免重复研究带来的人力、物力资源的浪费，并可节约大量宝贵的时间用于其它工作的开展，既节省资源，又节约时间，具有显著的经济效益。该项目成果目前已应用于市县水土保持规划及30多个生产建设项目水土保持方案编制中，节省资金数百万以上。

主要完成单位：江苏省水利科学研究院、南京林业大学、江苏省沿海水利科学研究所
主要完成人员：吴玉柏、张金池、陈凤、杨延春、郭相平、闫少峰、张华、周华强、张以森、陈大伟、刘海巍、周俊、杨乐、张璐、代文君
单位地址：江苏省南京市南湖路97号　　邮政编码：210017
联系人：陈凤　　联系电话：18936006581
传真：025-86419333　　电子信箱：470966083@qq.com

成果名称：风水复合侵蚀监测系统的引进及应用
任务来源：水利部“948”计划项目
计划编号：201036

该项目重点运用生态学的理论和水土保持学的原理与方法，引进由美国国家土壤侵蚀研究实验室开发的人工模拟降雨器、激光微地貌扫描仪、激光雨滴谱仪及风蚀直接测量系统组成的“风水复合侵蚀监测系统”监测设备，该设备主要是通过风、水蚀前后微地貌变化来研究风蚀、水蚀及风水复合侵蚀作用机理、过程及发展规律，为水土保持研究建设提供技术支撑。

按照正向研究与逆向研究相结合、模拟实验和野外试验相结合、时间和空间替代研究相结合、科学研究与建设工程相结合、试验和示范相结合的原则，在对该设备安装调试的基础上开展了各项系统测试和试验研究，在甘肃省风水复合侵蚀区开展了相关水土流失监测试验，总结了该系统在甘肃省风水复合侵蚀区的野外适用条件、监测精度、配套使用方法等，所有引进的设备仪器均已被应用到项目研究工作之中，达到了预期效果，并在兰州市城关区窦家山建设了“风水复合侵蚀监测系统”应用示范点一处，共布设标准径流小区14个，非标准径流小区4个，试验操作平台150m^2，风蚀试验场2个，通过示范点的建立展示了风水复合侵蚀监测系统的的综合应用效果。通过该项目的实施培训了一批相关技术人员，并在国内核心期刊上公开发表研究论文三篇。

该项目的实施对于提高甘肃省风水复合侵蚀区水土流失监测技术水平具有重要的理论和现实意义。同时试验示范点的建立，将进一步探索现阶段水土保持的科技成果转化，为同类地区开展研究提供技术支撑和理论参考。

主要完成单位：甘肃省水土保持科学研究所
主要完成人员：周波、张新民、李欣娟、柴亚凡、何有华、张晓虹、刘敏、杨靖文、侯超、卫旭东、周茂荣、吴玉锋
单 位 地 址：甘肃省兰州市城关区窦家山35号　　邮政编码：730020
联 系 人：周波　　联系电话：0931-8656319
传 真：0931-8497866　　电子信箱：zhoubo_lz@163.com

成果名称：重庆市土壤侵蚀预测预报模型应用研究

任务来源：水利部“948”计划项目

计划编号：200939

该项目以重庆市典型土壤侵蚀类型区的坡面径流小区定位观测为基础手段，采用野外标准径流小区观测、人工模拟降雨以及室内土壤理化性质等综合试验方法和技术手段，从USLE模型六大参数因子试验率定和坡面降雨侵蚀产流产沙过程的角度，分别在渝北、涪陵、万盛等地开展了多因素人工模拟降雨试验，开展野外径流小区的定位监测，以获得降雨、径流、泥沙的实测数据；在西南大学后山实验基地、万盛等站点开展坡面土壤侵蚀机理试验，对USLE模型的各参数因子变化开展系统研究，对典型地类的侵蚀产沙规律进行了系统研究，对USLE模型的参数因子估算方法和适用条件进行分析、评价，同时对各有关分站采集土壤样品的理化性质进行室内测试工作，以获得各小区在侵蚀条件下土壤理化性质变化特点，为USLE模型的建立和应用提供基础数据。建立坡面尺度下土壤侵蚀模数的单因子预测模型和复合因子预测数学模型，对坡面土壤侵蚀模数进行了预测、预报。

该项目以重庆市典型坡面降雨侵蚀产沙规律及土壤侵蚀模数影响因素的系统性研究为基础，明确不同地类土壤侵蚀模数变化特征，建立坡面尺度土壤侵蚀模数预测模型，并对USLE模型应用的参数变化进行了探索性研究，可为重庆市三峡库区水土流失定量评价提供理论依据，因此项目实施具有重要应用价值和科学价值。

该项目建立的USLE模型是国内外广泛采用的土壤流失量预报模型，对小流域水土保持措施布设、水土保持规划、地区性农业生产、开发建设项目的水土流失预测等都具有重要作用，对有效防治水土流失，保护和促进水土资源合理高效利用有重要意义。项目研究成果填补了该地区在典型地类土壤侵蚀模数特征及预测模型方面的空白，推广应用前景广阔。

主要完成单位：重庆市水利学会、重庆市水土保持生态环境监测总站、西南大学
主要完成人员：唐学文、江东、唐继斗、郭宏忠、蒋光毅、黄建辉、陈琳、何炳辉、陈晓燕
单位地址：重庆市渝北区龙溪街道新南路3号　　邮政编码：401147
联系人：杨莉　　联系电话：023-89079065
传真：023-89079066　　电子信箱：yl@cqwater.gov.cn

成果名称： 三峡库区小江生态恢复技术研究与示范

任务来源： 国家农业科技成果转化资金项目

计划编号： 2009GB23320489

该项目通过调查研究、试验示范，取得如下成果：

（1）摸清了三峡库区小江消落区的面积、分布及类型。小江流域消落区总面积47.59km²，依据坝前水位分布为：145～155m消落区面积27.48km²，155～165m消落区面积8.07km²、165～175m消落区面积12.04km²；依据坡度分为：陡坡区域（＞25°）5.11km²、中缓坡区域（15°～25°）5.10km²、缓坡区域（＜15°）37.38km²。

（2）掌握了三峡水库蓄水初期小江流域消落区草本植物群落结构特征及其与生境异质性的关系。小江流域消落区共有维管束植物146种，隶属于116属38科，其中蕨类植物2科2属3种，双子叶植物33科84属107种，单子叶植物5科29属36种。草本植物占绝对优势，共有135种，其中旱生植物占优势，共有136种，湿生植物仅10种；植物鲜重与土壤孔隙度、有机质和全氮含量呈显著的正相关。

（3）基本掌握了三峡水库蓄水初期小江云阳段水域的水生态环境特征，浮游植物呈绿藻-硅藻-蓝藻，呈中度富营养化状态，共调查到鱼类34种，优势种为鲢、鲤、鲫等10种。

（4）确定了控制小江水华的滤食性鱼类放流技术参数。当鲢、鳙投放比例为2.5:1时，对小江水华的控制效果最佳。

（5）建立了60亩草本植物人工促进恢复技术示范区、1200亩生物措施控制小江水华技术示范区。示范区植物生长良好，植被覆盖率达到95%，具有良好的景观和生态效果；小江水体浮游植物年均密度、生物量分别下降30.80%、29.20%，有效降低了小江水体发生水华的几率或程度。具有显著的生态与社会经济效益，市场前景广阔。

主要完成单位： 水利部中国科学院水工程生态研究所

主要完成人员： 胡莲、郑志伟、万成炎、张志永、彭建华、冯坤、邹曦、潘晓洁、陈小娟、丁庆秋、程郁春、谭和平、余晓红

单位地址： 湖北省武汉市雄楚大街578号　　**邮政编码：** 430079

联系人： 张原圆　　**联系电话：** 027-87188175

传真： 027-97189622　　**电子信箱：** zyy@mail.ihe.ac.cn

成果名称： 云南省小流域综合治理新型模式研究
任务来源： 水利部"948"计划项目
计划编号： 200934

通过对云南省多年来小流域综合治理相关资料的收集、整理、分析，系统总结云南省小流域综合治理的新型模式，为云南省小流域综合治理工作提供借鉴和推广应用奠定基础，具体研究内容如下：

（1）收集国内外相关研究成果，跟踪小流域综合治理国内外相关理论与技术研究进展，对云南省开展小流域综合治理新型模式研究的理论基础进行分析。

（2）开展云南省内不同水土流失区域自然环境、社会经济、水土流失数据的收集与整理，建立相应的自然环境、社会经济和水土流失本底数据。

（3）对不同水土流失区域的自然环境背景、社会经济特点和水土流失特点及其发生机制进行对比，对长期以来云南省开展小流域综合治理工作所面临的主要问题进行类型划分，以此为基础确定云南省小流域综合治理新型模式的主要研究方向。

（4）广泛收集云南省所开展的小流域综合治理资料，充分的开展专家咨询和理论分析，根据小流域的不同水土流失治理方向，选取相应的典型小流域，开展专题调研，进行综合治理方案配置和综合效益的跟踪调查。

（5）提出云南省小流域综合治理新型模式，并对不同模式的治理思路进行探讨，对新型治理模式进行典型案例分析。

该项目取得的主要成果：

（1）完成了对云南省已治理的 14 条典型小流域存在的问题进行分析、提出了云南省小流域综合治理的 6 个新型模式，层层剖析了 6 个新型模式的典型小流域。

（2）完成了《云南省小流域综合治理新型模式研究报告》。

（3）研究期间，已发表与研究课题相关的论文 2 篇，《基于多目标线性规划的小流域综合治理》和《云南省清洁型小流域建设存在问题及对策》。

（4）通过实施项目，培养了云南小流域治理领域的研究人员 8 人。

该项目组在充分调研、总结的基础上，提出了 6 种云南省小流域综合治理的新型模式，社会、生态和经济效益显著，在云南省小流域综合治理方面具有较好的推广应用前景。

主要完成单位： 云南省水利水电科学研究院
主要完成人员： 白致威、丁剑宏、李海燕、谢淑彦、符裕红、李季孝、蹇清洪、王伟、李加顺
单 位 地 址： 云南省昆明市新闻路下段五家堆　　**邮政编码：** 650228
联 系 人： 丁剑宏　　**联系电话：** 13808795469
传 真： 0871-4626578　　**电子信箱：** sksdjh@126.com

成果名称：水土保持优良植物栽培种植技术
任务来源：水利部科技推广计划项目
计划编号：TG1017

该项目示范推广优良植物1285亩。其中在甘肃西峰、镇原建立了2个新品种林草示范基地，面积110亩；林草间作、乔灌混交等栽培种植技术推广林木美国白蜡、刺毛槐、大果沙棘645亩；果园套种、河堤种植、林地间作、坝体种植、荒山荒地种植多年生香豌豆、金皇后苜蓿、牧场草、黄兰沙梗草等530亩。

该项目对优良植物新品种适应性、栽培繁育技术进行了较系统的试验、转化和总结，提出了适宜栽培及推广的技术；取得试验小区观测资料87场次，牧场草比对照含沙量减少36.09%，金皇后苜蓿含沙量比对照减少55.65%，冲刷量牧场草比对照减少53.32%，金皇后苜蓿比对照减少69.93%。该项目推广的优良植物能够有效改良土壤，拓宽土地利用途径，丰富当地畜禽饲草供应。

该项目实施过程中编发《水土保持优良植物栽培技术》手册1000册，举办培训班2期60人次，为优良水土保持植物在黄土高原地区大面积推广种植奠定了良好的基础。

该项目对于黄土高原地区的生态环境建设和水土保持具有良好的示范作用，社会、经济、环境效益显著，推广应用前景广阔。

主要完成单位：黄河水土保持西峰治理监督局
主要完成人员：闫晓玲、杜守君、段景峰、拓俊绒、曹树 、李 林、张西宁、王建华、刘海燕、吴永红、牛巧玲、杜新源、慕志龙、宋静、许小梅、赵国栋
单位地址：甘肃省庆阳市西峰区南大街268号　　邮政编码：745000
联系人：闫晓玲　　联系电话：13830436565
传真：0934-8212710　　电子信箱：hwxfyxl@163.com

成果名称：水土保持植物优化组合及生态农业技术
任务来源：水利部科技推广计划项目
计划编号：TG1050

该项目在江西省赣州市宁都县、于都县、赣县，吉安市泰和县，抚州市临川区，宜春市奉新县和九江市修水县等7个县（市、区）进行了“水土保持植物优化组合及生态农业技术”的示范推广，推广应用了植被层次结构和人工群落优化组合技术、坡面工程配置技术、果园经济开发配置技术、坡面水土保持防护技术、坡面排水系统布设技术、坡地道路系统修筑技术、生态农业建设管理技术等关键技术，推广面积达35.35km^2。推广实施后，推广区水土流失综合治理度达到90%～96%，植被覆盖率达到75%～90%，减沙效率达到71%～77%，土地利用率达80%以上，人均年纯收入提高32.3%；培训了基层技术推广人员500余人。

该项目取得了显著的生态、社会和经济效益，推广应用前景广阔。通过在江西省不同区域植物配置与生态农业集成技术的熟化和推广，减少了坡地农业开发过程中的水土流失，提高了雨水资源利用率，实现了节支增产，发挥了对推广区周边区域的典型带动和辐射引领作用。对于指导南方红壤坡地山丘区的水土流失综合治理，提升水土保持生态农业科技含量具有重要的意义，为鄱阳湖生态经济区和赣南等原中央苏区的生态环境建设和生态农业发展提供技术支撑。

主要完成单位：江西省水土保持科学研究院
主要完成人员：方少文、杨洁、莫明浩、宋月君、涂安国、谢颂华、郑海金、汪邦稳、王凌云、喻荣岗、张华明、李小强、汤崇军、邓文兰、沈乐
单位地址：江西省南昌市青山湖南大道290号　邮政编码：330029
联系人：杨洁　联系电话：0791—88828186
传真：0791—88828162　电子信箱：zljyj@126.com

成果名称：半干旱荒漠化地区“俄 × 中”沙棘优良类型中试转化与推广
任务来源：国家农业科技成果转化资金项目
计划编号：2009GB23320487

该项目以承担单位多年来通过人工杂交育种，以不同的俄罗斯优良个体为母本，以中国‘蛮汗山’沙棘优良个体为父本，在其子一代群体中选育出了6个优良沙棘品系，即AA54号、AA43号、AA21号，AD5号、AD28号、AD31号、AC2号。该成果2009年通过了由水利部国科司组织的专家鉴定，获得了国际领先的一致好评。

该项目以这一成果进行了转化推广，在内蒙古鄂尔多斯市和达拉特旗分别建立了1亩大棚采穗圃和20亩大田采穗圃，收集了我国选自引进群体中选育的优良品系和杂交选育良种，有辽阜1号、辽阜2号、中秋、白秋、阜杂1号、阜杂2号等总计20余种和类型，近10000株，为以后沙棘良种繁育奠定了好的种质资源基础。利用常规繁育技术，生产性无性繁育沙棘良种苗木22.8万株，在繁育过程中形成了沙棘嫩枝无性繁育系列化技术。项目研究探讨了非试管快繁技术，为了节约良种资源，试验了一芽一叶、二芽二叶、三芽三叶、四芽四叶和五芽五叶，并利用自行研制的生长激素，进行促生根试验，其当年生根率可达到80%以上，取得了很好的效果。

在内蒙古砒砂岩地区、陕西黄土风沙地区分别建立了1500亩和510亩沙棘种植示范区。在种植过程中充分利用滩地、撂荒地等水肥条件比较好的立地，通过鱼鳞坑、水平阶等整地措施，实现保土蓄水，并采用保水剂等技术，确保在干旱条件下良种沙棘种植的成活，这些措施的种植成活率达到了85%以上。河滩地和砒砂岩立地生长状况较好，当年高生长大约分别为36cm和38cm左右，黄土风沙立地较差为31cm左右。

项目实施期间举办培训班4期，培训基层技术人员及农民280人次。

该项目具有显著的经济、社会效益和生态效益，推广应用前景广阔。

主要完成单位：水利部水土保持植物开发管理中心
主要完成人员：温秀凤、胡建忠、金争平、顾玉凯、闫培华、王德林、姜同海、范军波、郭海、殷丽强、刘亚兰
单位地址：北京市海淀区复兴路甲1号　　邮政编码：100038
联 系 人：温秀凤　　联系电话：010-63204363
传　　真：010-63204359　　电子信箱：karen_wen63@163.com

成果名称：生物砖排水沟技术在坡耕地及小型水利工程中的推广应用

任务来源：国家农业科技成果转化资金项目

计划编号：2010GB23320641

生物砖排水沟是一种既有排水功能又近自然恢复生态的新型技术（专利号：ZL03224698.6），该技术采用留有种植孔的水泥砖为材料，在坡面上砌成截、排水沟，然后在水泥砖的种植孔内注满含有草籽的营养土，待草籽发芽长大后，绿草能够完全覆盖排水沟的水泥砖面。生物砖排水沟在建设“资源节约型、环境友好型社会”中有着重要作用。该转化的主要内容是将该技术应用到坡地排水系统建造及五级以下河流整治护岸，核心技术是将生物砖材料、种植土基质配比、灌草种选择、施工工艺及养护等技术集成。

该项目执行期间，在深圳市南山区西丽果场坡耕地排水、深圳市天然气高压输配系统工程生态恢复、深圳市龙岗区水径采石场群整治中，建立示范区 2 处，推广应用面积 210 亩。在深圳市大鹏新区葵涌河整治工程中，建立中试线 1 条，开展试验 500m。社会、经济、生态效益显著，推广应用前景广阔。

该项技术施工安全，成本造价低，工艺成熟，它不仅成功应用于开发建设项目水土保持工程中，同时也逐步推广到其他领域，如农业、水利、园林、房地产等，应用前景广泛。

主要完成单位：水利部水土保持监测中心、深圳市大自然生态园林科技有限公司

主要完成人员：郭索彦、张长印、孙发政、陈法扬、赵永军、丛佩娟、常丹东、李琦、黄成燕、殷春霞、杨智敏、龚瑞祥、陈旭明

单位地址：北京市西城区白广路二条 2 号　　邮政编码：100053

联系人：李琦　　联系电话：010-63207075

传真：010-63207080　　电子信箱：liqisky@yahoo.com.cn

【八、高新技术应用】

成果名称：我国水利现代化关键技术及相关指标体系研究

任务来源：水利部公益性行业科研专项经费项目

计划编号：200801013

该项目成果综述了国内外水利现代化研究成果，阐述了水利现代化的概念和内涵，介绍了国外发达国家水利现代化的基本情况，分析总结了我国水利现代化的现状和存在的问题及成因，以水利现代化评价的理论为基础，遵循科学、实用、简明的原则，构建了适合我国国情的水利现代化评价指标体系和评价方法，提出了2020年和2050年我国水利现代化建设的目标，并对我国2008年全国和31个省（自治区、直辖市）的水利现代化水平进行评估，在此基础上，分析了我国区域水利现代化建设的薄弱环节和水利现代化水平空间分布特征，总结了当前我国水利现代化发展的特点，从水利现代化建设布局、治水理念、体制机制建设等方面提出了加快推进我国水利现代化的对策和建议。

该研究成果对水利现代化评价指标选取、指标权重与目标值确定、评价方法选择等关键技术问题进行了深入研究，确保了评价指标选取的科学性、目标值与权重设置的合理性以及评价方法的适用性和可靠性；对我国31个省、自治区、直辖市水利现代化现状进行了评价和分析，评价结果基本符合我国实际。

该研究成果为《推进水利现代化试点工作的指导意见》（水规计[2011]451号）的起草、试点考核评估等推进水利现代化试点的有关工作、《全国水利现代化规划纲要编制》编制工作提供了技术支撑；研究成果在《绍兴市水利现代化规划》和《承德水利现代化规划》的编制、《我国水利现代化进程评估》（水利政策研究与制度建设项目）课题研究中得到应用。

该研究成果为全面把握我国水利现代化发展的阶段特征、统筹谋划我国水利现代化的空间布局、找准水利现代化建设的薄弱环节，提供了有力的决策支撑，对于促进我国水利改革和发展，加快推进我国水利现代化建设的步伐，具有十分重要的现实意义。

主要完成单位：水利部发展研究中心、水利部水利水电规划设计总院、河海大学

主要完成人员：李晶、张旺、庞靖鹏、王海锋、范卓玮、唐忠辉、万军、杨丽英、郦建强、刘小勇、谢娆

单位地址：北京市海淀区玉渊潭南路3号楼C座1123　　邮政编码：100038

联系人：庞靖鹏　　联系电话：010-63204305

传真：010-63204236　　电子信箱：jppang@waterinfo.com.cn

成果名称：南水北调工程大型高效泵装置优化水力设计理论与应用研究

任务来源：计划外项目

计划编号：

该项目针对大型泵站进、出水流道一维设计理论存在的问题，进行了以三维湍流理论为基础建立大型泵站进、出水流道优化水力设计理论的研究，解决了流道优化水力设计的目标函数、边界条件、优化方法及试验方法等一系列关键问题，形成了大型高效泵装置进、出水流道优化水力设计的系统性理论及方法。

该项目成果的主要创新点如下：

（1）以三维湍流流场数值分析为基础，提出了进、出水流道优化水力设计理论，建立了优化水力设计的数学模型（目标函数、约束条件和求解方法），完善了优化水力设计方法，建立了数据管理系统。

（2）揭示了水泵导叶出口环量与出水流道水头损失之间的机理。

（3）建立了常用型式进、出水流道的水力设计准则。

（4）揭示了“泵段”与泵装置能量特性的定量关系，有利于预测泵装置主要工况的性能。

（5）建立了流道试验的可视化模型试验装置，设计制作了水泵导叶出口环量检测装置和装配式轴流泵导叶，解决了试验中定量研究环量对出水流道水力性能影响的关键技术问题。

该项目成果在南水北调工程及其他大型水利工程的数十座泵站的流道设计中得到应用，其中南水北调东线工程15座新建泵站设计扬程工况和平均扬程工况泵装置的平均效率分别达到77.4%和76.6%，显著提高了大型低扬程泵装置的效率。

该项目研究成果已通过水利部国际合作与科技司组织的科技成果鉴定，成果总体达到国际先进水平，其中设计方法和工程应用研究成果达到国际领先水平。

主要完成单位：扬州大学、南水北调东线江苏水源有限责任公司、中水淮河规划设计研究有限公司、江苏省水利勘测设计研究院有限公司、山东省水利勘测设计院、上海勘测设计研究院、徐州水利建筑设计研究院、日立泵（无锡）制造有限公司、江苏航天水力设备有限公司

主要完成人员：陆林广、邓东升、刘军、冯旭松、胡兆球、伍杰、谢伟东、张仁田、岳永起、郭绍春、胡德义、黄毅、白丽萍、汤正军、卜舸等

单 位 地 址：江苏省扬州市江阳中路131号　　邮政编码：225009

联　系　人：陆林广　　联系电话：0514-87979506

传　　　真：0514-87979506　　电子信箱：yzlulg@126.com

成果名称：水电站水轮机叶轮抗空蚀新技术推广

任务来源：水利部科技推广计划项目

计划编号：TG1012

该项目的创新性主要是两种抗磨蚀技术的结合，在应用中产生的叠加效果：实际施工时，首先对水电站水轮机的磨蚀部位采用复合树脂金刚砂材料进行局部的填补施工，再采用改性聚氨酯材料进行喷涂或抹平。由于改性聚氨酯弹性体材料具有一定的流动性和渗透性，可有效的渗入复合树脂金刚砂的内部并与其牢固结合，从而使防磨蚀涂层既具有抗磨损、抗腐蚀的性能，同时也具有一定的韧性，对含沙水流的冲击可起到一定的缓冲或减震作用。

该项目优选的两种防磨蚀技术：复合树脂金刚砂技术（硬抗）和聚氨酯技术（软抗），总体上达到国内领先水平。该研究成果对多泥沙河流上运行的水电站水轮机的磨蚀防护具有很好的参考价值。

水电是利用水的势能发电而获得的可直接使用的清洁能源。水电运行过程中，不可避免的存在过流设备部件的磨蚀，影响水电厂的发电效率。通过有针对性的抗磨蚀防护后，一方面降低了电厂的生产成本，更重要的是可保持水电厂持续的高效率发电。因此，本项目的实施可间接的促进节能减排，减轻环境污染。

通过对水电站（以黄河龙口水电站为例）水电机组的固定导叶、蜗壳、环形压力墙等部位进行针对性的防磨蚀保护，可提高导叶等过流部件抗磨蚀性能 3 倍以上，有效的提高水电机组的使用寿命；缩短了机组大修时间，减少机组大修工作量约 5% 左右；项目实施过程中，均采用环保材料和设备，对环境没有任何污染。本项目的实施具有较好的经济效益和社会效益。

项目推广应用表明：两种抗磨蚀材料技术先进、性能可靠，在国内同类行业中具有领先的优势，具备规模推广应用的技术条件。对该项抗磨蚀技术稍加改造，也可应用于厂矿企业机械设备的磨蚀防护，市场潜力巨大。另外，随着海湾地区经济的快速发展，新的需求引领其水电能源市场的蓬勃发展，以我们的抗磨蚀防护的技术优势开拓中东地区的水电抗磨蚀市场，将创造可观的外汇收入，具有较大的经济和社会效益。

主要完成单位：黄河水利委员会黄河水利科学研究院

主要完成人员：武现治、和瑞勇、汪自力、杨树红、杨勇、申梓刚、刘莉、冯国斌、郭维克、韩艳红、张庆霞、张雷、李莉、郑军、金锦

单位地址：河南省郑州市顺河路　　邮政编码：450003

联系人：武现治、和瑞勇　　联系电话：13525587804

传真：0371-66024557　　电子信箱：bsj_05@163.com

成果名称： 水务一体化管理信息系统

任务来源： 水利部科技推广计划项目

计划编号： TG1060

该成果基于“一个门户、一个平台、一张地图”的设计理念，根据水务一体化管理特点，对水利、供水、排水各行业数据进行全面梳理，将数据梳理分为监测监控类、基础管理类、政务办公类、元数据类和其他等5大类，实现水务数据一体化存储及管理。基于数据分类和流程梳理，实现了多源、多类、异构数据的汇聚、整合、交换；在数据集成交换、统一分层应用等关键技术的研发基础上，围绕水安全、水资源、水环境三方面的应用，设计水务一体化管理信息系统总体架构，并实现了在苏州河综合管理中的应用示范，减少了重复开发，合理整合利用已有资源，实现资源有效共享，发挥了专业部门优势，提升了数据使用价值。该示范应用已在市堤防管理处、市排水处等多个部门得到了实际应用。通过数据和应用服务方式实现了数据共享和协同应用，提高了资源利用效率和业务管理水平。项目在产学研上成果也较为丰硕，培养了多名业务骨干，发表了多篇学术论文，并申报计算机著作权2项。

该成果在上海市防汛保安、水资源管理、水环境整治中得到了推广应用，通过该示范，应用单位能及时掌握水情、雨情、灾情信息，在日常业务管理工作及汛期中发挥了良好的信息支撑作用，大幅度减少了灾害损失，有效提高了行业管理和公共服务水平，显著降低了信息化建设和运维成本，取得了显著的社会效益和经济效益。

该成果结合水务一体化管理业务特点，研发的数据集成交换管理系统具有创新性和实用性，所构建的水务一体化数据应用管理系统在全国具有示范作用；结合科研项目、示范应用以及上海地方特色，设计的水务一体化管理信息系统，功能完善、通用，在各级水务管理机构普及应用，已在苏州河综合管理示范应用中产生一定的效益，具有良好的市场推广前景。其设计思想、总体架构和关键技术等可适用于各流域或省市的防汛保安、水资源管理、水环境整治等信息化领域，尤其是水务一体化管理的信息化建设，具有较好的推广应用价值，同时对其他行业、流域机构和省市的信息化建设具有一定的借鉴意义。

主要完成单位： 上海市水务信息中心

主要完成人员： 黄士力、李佼、高芳琴、龚岳松、郑晓阳、吕文斌、潘崇伦、蓝岚

单位地址： 上海市江苏路389号　　**邮政编码：** 200050

联系人： 李佼　　**联系电话：** 021-52397000-6636

传真： 021-52398235　　**电子信箱：** lijiao@shanghaiwater.org

成果名称：水泵抗磨蚀综合防治技术
任务来源：水利部科技推广计划项目
计划编号：TG1124

该项目调研、总结我国大中型泵站水泵抗磨蚀技术，研究水泵磨蚀综合防治技术的适用范围及技术条件。在山西省尊村引黄灌区泵站选择1座轴（混）流泵站进行水泵过流部件表面涂敷（喷涂）抗磨蚀材料（非金属材料、粉末合金等）技术应用试点；在大禹渡扬水灌区泵站中，选择1座离心泵站，进行普通Q235钢板压制成型焊接结构叶轮与表面涂敷（喷涂）抗磨蚀材料联合应用技术应用试点。并验证水泵磨蚀综合防治技术的适用性、可靠性和技术条件。

该项目共举办培训班2期，培训人员201人。

经该项目研究、熟化的水泵磨蚀综合防治技术，能使水泵效率平均提高4%以上，可降低泵站能源单耗约0.20kW•h/(kt•m)以上。以尊村一台额定功率800kW的水泵机组为例，年均节电约21万kW•h/台，按0.5元/(kW•h)计算，单台水泵机组年均减少电费支出约10.5万元。辐射到100～150座泵站的500～800台水泵中应用，则年均节电1亿～1.68亿kW•h，约按0.5元/(kW•h)计算，年均减少电费支出约可达0.5亿～0.84亿元。并延长水泵使用寿命几倍甚至十几倍，将减少泵站运行维修成本，还将提高水泵运行的安全性和可靠性，从而提高泵站灌排保证率，促进农业增效、农民增收。

通过该项目的实施，有效降低了泵站能源单耗，提高了水泵的效率，保证了泵站工程效益的充分发挥，为该项技术在较大范围内推广应用提供了有益经验。

主要完成单位：中国灌溉排水发展中心、扬州大学、山西运城尊村引黄灌溉管理局、山西大禹渡扬水工程管理局
主要完成人员：郭慧滨、许建中、李端明、李娜、阳放、卓汉文、周济人、汤方平、储训、相保成、赵永安、闫庆利、王建明
单位地址：北京市西城区广安门南街60号灌排中心　　邮政编码：100054
联系人：许建中　　联系电话：010-63203386
传真：010-63203687　　电子信箱：xujianzhong@mwr.gov.cn

成果名称：新型复合材料拍门技术
任务来源：水利部科技推广计划项目
计划编号：TG1125

该项目完成了新型复合材料拍门技术的调研、研究与熟化、试点应用和培训推广等工作，在陕西省交口抽渭灌区泵站中，选择1座轴（混）流泵站和1座离心泵站，分别进行新型复合材料拍门技术应用试点，验证新型复合材料拍门的适用性、可靠性和技术条件。

该项目实施后，通过推广新型复合材料拍门技术，使应用复合材料拍门的泵站装置效率平均提高了2%～3%，降低了泵站能源单耗约0.18kW•h/(kt•m)。以单机800kW的水泵机组为例，年均在设计扬程工况下运行1000h，耗能约80万kW•h，可节电约3.1万kW•h，按每度电0.5元计算，节约运行成本1.55万元。还可提高泵站运行安全性，减少运行维修成本，从而提高泵站灌排保证率。

该项目共举办培训班2期，培训人员235人。

目前，大型灌排泵站450处、5000多座、装机功率563万kW；中型灌排泵站约5000处，装机约600万kW。假如全国有30%的灌排泵站改用复合材料拍门，每年能为国家节省电能约6.48亿kW•h，若按电价0.80元/(kW•h)计，每年节约电费约5.18亿元。

通过该项目的实施，有效减小了水头损失，降低了泵站能源单耗，保证了泵站工程效益的充分发挥，为该项技术在其他泵站推广应用提供了有益经验。

主要完成单位：中国灌溉排水发展中心、润华农水实业开发公司、武汉大学、陕西交口抽渭管理局
主要完成人员：许建中、李端明、阳放、李娜、史湘琨、陈坚、李兆增、卢长征、徐经忠
单位地址：北京市西城区广安门南街60号灌排中心　　邮政编码：100054
联系人：许建中　　联系电话：010-63203386
传真：010-63203687　　电子信箱：xujianzhong@mwr.gov.cn

成果名称：农村地区可再生能源多能互补技术示范应用

任务来源：国家农业科技成果转化资金项目

计划编号：2010GB23320636

该项目主要是通过调节水力发电出力，对随机性的风能进行互补调节，将多能互补技术进行转化，在示范点通过投入箱式小水电站、潮汐能电站和风电发电设备实施多能互补技术的示范应用，提供稳定可调的清洁绿色电力，为农村地区充分有效地利用当地清洁可再生能源进行发电生产，促进农村经济可持续发展创造条件。

该项目的实施，可以探索以农村水能为主，因地制宜地选取风能、太阳能或生物质能互补，综合开发利用农村地区清洁可再生能源的模式，利用虚拟负荷控制器实现多能互补快速调节；利用负荷自调节的箱式整装水电站的无人值班特点，使日后的运行维护大大减少。农村地区可再生能源资源丰富，加快可再生能源的开发利用，一方面可以利用当地资源，因地制宜解决偏远地区电力供应和农村居民生活用能问题；另一方面可以将农村地区的清洁能源转换为商品能源，使可再生能源成为农村特色产业，有效延长农业产业链，提高农业效益，增加农民收入，对促进农村经济发展具有良好的社会效益。

该项目的主要技术成果包括：获发明专利一项，《小型水轮发电机组荷载式快速并网装置》ZL201010197777.3；实用新型专利一项，《箱式整装小水电站》(ZL201020244126.0)。

主要完成单位：水利部农村电气化研究所

主要完成人员：张巍、程夏蕾、徐锦才、董大富、徐伟、徐国君、熊杰、方华、周丽娜

单 位 地 址：浙江省杭州市学院路122号　　邮政编码：310012

联 系 人：张巍　　联系电话：0571-56729242

传 真：0571-88080006　　电子信箱：wzhang@hrcshp.org

成果名称：可控硅数字励磁调节技术在农村水电建设中的转化应用

任务来源：国家农业科技成果转化资金项目

计划编号：2010GB23320642

在项目执行期内建立了天津市蓟县水务局许家台供水管理所水源井远程监测系统技术示范区一个；“SDJ计算机监控系统V5.0” 取得了中华人民共和国国家版权局颁发的计算机软件著作权；“多电源智能转换充电装置”取得了中华人民共和国国家知识产权局颁发的实用新型专利授权证书；在“中国水利水电科学研究院第十一届青年学术交流会论文集”中发表论文2篇；建立了控制系统实验室及计算机监控系统试验平台；培养了技术人才3人；新增设备1台套；新增就业人数4人；培训技术人员10人/次。销售系统成套设备90套，实现销售额908万元、利润总额58.15万元、缴税总额92.34万元。

该项目建立的水源井远程监控系统采用基于光纤网络结构及智能终端等设备，是集现代通信技术、数据信号采集技术以及计算机网络技术于一体的远程监控系统。通过光纤网络技术、视频光端机及智能终端控制器无缝结合，实现对视频光端机的运行状态和运行数据的远程实时监测，同时实现对智能终端的远程控制，通过远程修改智能终端、视频设备的运行参数，实现整个远程监控系统运行方式的改变以及现场情况的实时图像显示。

水源井远程监控系统由主控层及现地控制层组成，其核心控制设备智能终端采用新一代嵌入式系统与网络控制器芯片，能实时显示、控制现场设备的工作状态，并根据监控系统软件设定的访问时限定时将现场环境的工作数据信息通过视频光端机（数据信息通过视频光端机转换为光信号）传送至光纤网，通过光纤通信系统传送至中控室监控系统软件，进而实现控制中心的远程数据监控。

监控系统通过光纤网络将分布在不同地域的智能终端、视频系统设备、监控中心数据服务器以及终端用户联系起来。整个系统以监控中心为核心，能实时获取（时间间隔可由监控软件系统预先设定）各个分布在不同地域的智能终端工作数据，并能对智能终端进行远程控制，同时通过视频设备显示现场环境的情况，进而以光纤网为媒介搭建一个远程监控平台。

该水源井监测系统利用最新的自动化及通信技术对农村地下水水源井进行数字化监控，保证水源井稳定可靠的工作，调整用水结构，优化水资源配置，推进水资源的合理开发，提高水资源的利用效率和效益，实现水资源的可持续利用，因此，本成果具有广泛的市场推广应用空间。

主要完成单位：水利部机电研究所

主要完成人员：陈服军、郭江、张志民、王晓晨、韩金宝、黄燕、曹玮、张志华、贾彦博、孙文慧、乔卫斌、王占清、张静、周岩生、高学臣

单位地址：天津市蓟县兴华大街19号　　邮政编码：301900

联系人：王学文、赵雷　　联系电话：022-82852116、2112

传真：022-82852479　　电子信箱：wangxw@iwhr.com

[九、其他]

成果名称：三峡工程运用对下游洲滩血吸虫扩散影响研究
任务来源：水利部公益性行业科研专项经费项目
计划编号：200801004

该项目以长江中下游江湖有螺洲滩为研究对象，采用资料分析、现场调查和观测、物理模型试验、数学模型计算、理论分析等多学科相结合的手段，开展了长江中下游江湖洲滩钉螺分布状况及有螺洲滩生境调查分析、钉螺及尾蚴生物学特性以及钉螺种群生存和扩散规律、三峡工程运用后江湖洲滩演变及生境变化趋势、三峡工程运用后江湖洲滩生境变化对血吸虫病防控的影响、防控洲滩钉螺和血吸虫病的对策措施等研究。发表论文10篇，出版专著1部，获得专利1项，编制行业标准1部，培养研究生6名。

该项目取得的主要研究成果有：

（1）阐明了近年来长江中下游洲滩钉螺密度在时空上的变化规律。在空间上，沿长江自上而下先增后减；在时间上，1998～2002年呈减少趋势，2003～2005年呈增加趋势，2006年以后呈减少趋势。

（2）揭示了钉螺对水压、土壤含水率等环境要素变化的适应性规律，初步提出了钉螺所能适应的环境要素阈值。揭示了洲滩水位变化与洲滩钉螺生存区域的联系机制，从理论上阐明了洲滩上的密螺带随着水位波动而变化的规律。

（3）阐明了三峡工程运用后长江中游（荆江河段）、洞庭湖区、鄱阳湖区等典型区域洲滩水文条件变化规律。

（4）研究表明水位变化是三峡工程运用后影响洲滩钉螺扩散的主要因素，洲滩冲淤变化在短期内对钉螺扩散影响较小。

（5）提出了通过洲滩地形改造和控制水位防止洲滩钉螺扩散等措施。

该项目的部分成果被《水利血防技术规范》采纳，一些成果已在湖南等地得到推广和示范。随着《水利血防技术规范》的发布和实施，该项目的成果也将得到广泛的应用。

该项目研究提出控制洲滩钉螺扩散的措施，这些措施的实施将减少钉螺和血吸虫病扩散的几率和范围，从而维护广大血吸虫病疫区人民的身体健康；其间接经济效益显著。

主要完成单位：长江水利委员会长江科学院、湖北省疾病预防控制中心血吸虫病防治研究所、湖南省血吸虫病防治所、长江水利委员会综合管理中心血吸虫病防治办公室
主要完成人员：卢金友、王家生、魏国远、李飞、徐兴建、魏望远、范北林、胡向阳、彭汛、蔺秋生、朱朝峰、李凌云、闵凤阳、元艺、唐文坚
单位地址：湖北省武汉市黄埔大街23号　　邮政编码：430010
联系人：王家生　　联系电话：13517240139
传真：027-82621603　　电子信箱：wangjiasheng2002@126.com

成果名称： 漓江生物栖息地演变与鱼类监测技术研究

任务来源： 水利部公益性行业科研专项经费项目

计划编号： 200801051

该项目以广西桂林漓江水生态系统保护与修复为背景，通过将水动力学与生态学高度交叉，研究并形成了河流生物栖息地演变的核心技术、理论与方法。同时，引进了美国HTI声学标签系统，形成了研究鱼类个体行为的关键技术。主要内容：

（1）开发了基于非结构化元胞自动机的植被动态模型、基于个体的鱼类动态模型、基于模糊数学的鱼类栖息地模型以及基于神经网络和元胞自动机的大型底栖无脊椎动物栖息地模型。

（2）将植被动态模型、鱼类种群动态模型、栖息地模型分别与二维水环境模型耦合，系统地对水库调节下下游河道岸边带植被演替、鱼类数量及分布、鱼类栖息地、大型底栖无脊椎动物栖息地的模拟、反演及预测等关键技术问题进行了深入探索与研究，发展并深化了生态水力学、水环境保护与修复等相关研究理论与方法。

（3）采用建立的模型对研究区域的鱼类栖息地与流量之间的关系进行研究，进而确定该河段的鱼类生态友好流量过程线。研究表明不同流量模式对鱼类栖息地质量有着显著的影响。相比前人的研究，根据鱼类不同生活时期对流量的响应关系确定的流量过程线可以更为贴近实际的鱼类生态需水过程。研究结果可以为水库生态友好调度提供约束条件。

（4）引进了美国HTI声学标签系统，通过吸收消化，成功应用于漓江一级支流小溶江的大比尺模型实验中。从研究鱼类生长生存环境与栖息地保护的角度看，与鱼类有关的典型环境因子除了水文情势以及生化指标外，环境噪声、场地光照、振动、水体温度等对实验鱼类的避藏形为具有显著的影响。

该项目发表SCI论文4篇，EI及中文核心论文16篇，国际会议论文5篇，培养博士、硕士学10余名，其中一位博士生还获得了2009年国际大学生肯尼迪论文奖。该项目“漓江生物栖息地演变研究”的成果获得2010年水利部大禹科学技术二等奖。

该项目成果的关键技术或创新点如下：

（1）基于非结构化元胞自动机的植被动态模型、基于个体的鱼类动态模型、基于模糊数学的鱼类栖息地模型以及基于神经网络和元胞自动机的大型底栖无脊椎动物栖息地模型。

（2）河流生态流量过程模型和生态友好调度模型。

（3）鱼类个体行为监测技术。

该研究成果已直接应用于青狮潭水库的生态友好调节和雅砻江锦屏梯级的水库生态友好调度中。

桂林青狮潭水库和雅砻江锦屏梯级在运行过程中应用了该项目的研究成果，取得了良好的社会、经济和环境效益。同时，生态友好的水工设计理念和水库运行方案、水利枢纽工程中的鱼道设计与监测、流域水环境保护与修复等领域都需要应用该项目的研究成果，因此，推广应用前景十分广阔。

主要完成单位： 广西水利电力勘测设计研究院、中国科学院生态环境研究中心、三峡大学、南京农业大学、广西水产研究所、广西水利科学研究院

主要完成人员： 蔡德所、陈求稳、农卫红、陈发科、李若男、刘德富、黄应平、李荣辉、潘纲、王备新、杨彤、马金锋、周解、郭晋川、莫明

单位地址： 广西南宁市民主路1-5号　　**邮政编码：** 530023

联系人： 叶晓丹　　**联系电话：** 0771-2185037

传真：　　**电子信箱：** gxsltkjc@sina.com

成果名称：水利财务业务精细化管理系统
任务来源：水利部科技推广计划项目
计划编号：TG0415

该项目通过对资产、预算、政府采购及合同管理等业务流程的梳理，运用了全面预算管理理论，采用先进的信息管理技术，开发完成了“水利财务业务精细化管理系统”，实现了预算执行的事前预警、事中控制和事后分析评价的全过程管理，达到了制度化、标准化、精细化、一体化管理的目标。

该项成果的主要创新点：

（1）首次在水利系统财务管理中实现精细化管理。按经费多维细化智能预警和控制要求，将相关财经法规、管理制度、业务流程及预算管理嵌入系统中，实现财务多目标管理与相关者配置，满足了科学管理的需要。

（2）率先在行业内实现财务业务一体化管理。通过对综合办公系统、网上银行、水利部系统等接口关键技术的研发，实现了业务流、信息流和资金流的同步。

（3）首次在水利系统实现了全面实时预算管理。系统以预算编制、执行和控制为主线，对各项财务业务进行实时控制和管理。

（4）创新性地实现了量化分析和智能决策支持功能。研发的多维度、跨时期、自定义和智能化的数据查询和分析工具，实现了基础数据统一共享，自动汇总、多单位、多时间段比较分析，多系统、跨年度、跨项目穿透式查询分析等决策功能。

（5）创建了高效安全、协同工作的财务信息化平台。采用在线服务的模式，将相关业务、各种用户、多个系统集成于一个虚拟网络平台，实现了财务业务的协同管理。

该项目成果已成功应用于南京水利科学研究院多年，在水利部财务司、水利部机关、水利部综合事业局、水利部农村电气化研究所等单位得到了广泛应用；该成果为水利部的财务业务管理信息系统开发提供了强有力的技术支撑，推广应用前景广阔。

该项目研究成果已通过水利部国际合作与科技司组织的科技成果鉴定，成果达到国际先进水平，在财务业务精细化和一体化管理方面具有国际领先水平。

主要完成单位：南京水利科学研究院、水利部财务司、南京金水尚阳信息技术有限公司
主要完成人员：薛亚云、赵守高、黄勇、周明勤、孙荣久、郑红星、张永杰、张惠、李芳、赵梅、马玮骏、田京京、黄永刚、陆光杰、周维伟
单位地址：江苏省南京市广州路223号　　**邮政编码**：210029
联系人：贾宁一　　**联系电话**：025-85828123
传真：025-83722439　　**电子信箱**：nyjia@nhri.cn

成果名称：植物灭螺剂螺威在长江血吸虫疫区技术转化与示范应用

任务来源：国家农业科技成果转化资金项目

计划编号：2009GB23320485

植物灭螺剂“螺威”是一种新型、高效、低毒环保、价廉、使用方便和具有独创性的生物灭螺剂。该项目实施以来，以植物灭螺剂“螺威”为基础，开展了药物剂型、施药方式、施药时机等方面的研究，分室内、现场进行了浸杀、喷洒药效测试试验，选择鸟类、鱼类、虾类代表性品种开展了环境安全性试验，在核心期刊上公开发表论文3篇、获得受理专利1项。通过示范推广，植物灭螺剂“螺威”生产规模大幅度增加，并且分别在2个村、9个水利水文站的上下游河漫滩进行了推广示范应用。示范面积河漫滩为1795亩、沟渠为320亩，钉螺死亡率为92%以上。将其应用于长江血吸虫病流行疫区杀灭钉螺，能够减少化学灭螺药物使用，保护长江流域人民生命安全和生态环境，同时，示范点群众预防血吸虫病安全意识明显增强，大大减少感染血吸虫病的几率，该项目经济效益明显，社会效益显著。

中国有2亿多人生活在血吸虫病疫区。钉螺的生命力强，繁殖快，即使在一个阶段内将其中的大部分钉螺杀灭，而残存的钉螺还会大量、迅速繁殖并继续造成危害，只有不间断地进行杀灭钉螺工作，才能有效控制、消灭钉螺，有效地防治血吸虫病。该成果推广应用前景广阔。

主要完成单位：长江水利委员会长江科学院

主要完成人员：孙厚才、方国兵、刘瑞华、刘晓路、王一峰、岑奕、任洪玉、刘洪鹄、朱朝峰、王志刚

单位地址：湖北省武汉市黄浦大街23号　　邮政编码：430010

联系人：孙厚才　　联系电话：027-82926643

传真：027-82926357　　电子信箱：sun_hc@126.com

成果名称：全雄黄颡鱼的规模化制种技术中试与示范
任务来源：国家农业科技成果转化资金项目
计划编号：2010GB23320633

该项目针对全雄性黄颡鱼新品种应用需解决的关键技术问题，重点开展YY超雄黄颡鱼批量制种中试和全雄性黄颡鱼规模化繁育技术示范，进而促进全雄性黄颡鱼新品种在产业的应用。

该项目的主要成果及创新性如下：

（1）优化了YY超雄黄颡鱼雌性化技术，实现了YY黄颡鱼生理雌鱼的批量化培育，同时实施YY超雄黄颡鱼规模化制种的中试生产，2年共生产YY超雄黄颡鱼9万尾，证实了YY超雄黄颡鱼亲鱼繁育技术体系稳定可靠。

（2）熟化了全雄黄颡鱼规模化繁育技术体系，建立了成套操作规范和技术标准，全雄黄颡鱼平均催产率93%，平均受精率和孵化率达78%以上，鱼苗培育平均存活率达60%以上，雄性率达100%，实现了鱼苗标准化和规模化生产。

（3）获批国家水产新品种1项：2010年国家水产良种审定委员会审定全雄黄颡鱼为国家水产新品种黄颡鱼“全雄1号”（品种登记号：GS-04-001-2010）。该品种具有雄性率高、生长速度快、规格整齐、饵料系数低、种源可控等特点。

（4）获国家发明专利2项，实用新型专利3项；发表SCI论文1篇；获中国水产科学研究院科技进步一等奖。

在该项目执行期间，累计销售全雄黄颡鱼苗种3.46亿尾，直接销售收入为216万元，全雄黄颡鱼成鱼养殖间接收入48578万元，按产量平均提高30%计算，新增产值达14573.4万元。新增就业人数约50人，培训养殖示范户550人，培养人才数2人。

该项目成果推广应用后，将显著提高了黄颡鱼养殖生产效益，降低了渔业生产风险系数，并促进黄颡鱼饲料等相关产业的增长，促进渔民发家致富，带动黄颡鱼养殖走向“优质、高产、高效”的发展道路，促进水产业品种结构调整和产业升级。该项目社会经济效益显著，推广应用前景广阔。

主要完成单位：水利部中国科学院水工程生态研究所、武汉百瑞生物技术有限公司、中国科学院水生生物研究所
主要完成人员：刘汉勤、陈宏溪、桂建芳、陈福斌、陈延奎、林茂寒、管波、田华、徐江、侯昌春、裴圣洲、彭海洋、陈丽慧、丹成、周红玲
单位地址：湖北省武汉市洪山区雄楚大道578号　　邮政编码：430079
联系人：刘汉勤　　联系电话：13886089203
传真：027-87189622　　电子信箱：hqliu@mail.ihe.ac.cn

成果名称：流水性鱼类循环水养殖系统研制与应用
任务来源：国家农业科技成果转化资金项目
计划编号：2010GB23320638

该项目对“流水性鱼类循环水养殖系统研制与应用”成果进行转化推广，针对鱼类生物学特性和工程区域生境特点优化设计了循环水养殖系统，进一步对循环水处理系统中物理过滤器、生物过滤器、温控系统进行了改进。集鱼类增殖放流站的规划设计、设备制造、安装、运行管理于一体的完整的技术体系，以此为基础，完成了《水电工程鱼类增殖放流站设计规范》和《水电工程鱼类增殖放流站运行规程》。规划设计了金沙江中游观音岩水电站鱼类增殖放流站、西藏藏木水电站鱼类增殖放流站、北盘江善泥坡水电站鱼类增殖放流站、辽西北供水工程鱼类增殖站、乌江彭水沿河鱼类增殖放流站等，技术性服务收入达到253万元。项目执行期间推广了8套流水性鱼类循环水养殖系统，销售收入1250.90万元。

“流水性鱼类循环水养殖系统的研制与应用”成果获2010年华电集团科技进步二等奖和2011年度大禹水利科学技术二等奖，参加技术展览、项目洽谈等4次，培训技术人员30人，新增就业30人。该项技术成果已应用到我国长江、金沙江、乌江、雅砻江、大渡河、雅鲁藏布江、鸭绿江和伊犁河等流域水利水电工程。产品推广安装后运行平稳，水质循环处理效果好，使用该系统驯养中华鲟子一代、鲈鲤等珍稀特有鱼类驯养繁育成功，为锦屏等鱼类增殖放流站完成放流任务提供了技术保障。

流水性鱼类循环水养殖系统在各流域鱼类增殖放流站的应用，突破了部分珍稀濒危鱼类的人工驯养、繁殖的技术瓶颈，在补充受工程影响河段鱼类资源，恢复鱼类生物多样性，维持水生态系统平衡方面，具有重要意义。项目成果社会经济效益显著，推广应用前景广阔。

主要完成单位：水利部中国科学院水工程生态研究所
主要完成人员：常剑波、梁银铨、王崇、童德俊、朱滨、郑志伟、周连凤、郑海涛、龚云
单位地址：湖北省武汉市雄楚大街578号　　邮政编码：430079
联系人：常剑波　　联系电话：027-87189023
传真：027-87189622　　电子信箱：jbchang@mail.ihe.ac.cn

成果名称：取水工程灭螺技术在血吸虫病防治中的转化应用

任务来源：国家农业科技成果转化资金项目

计划编号：2010GB23320629

该项目是在长江科学院“涵闸及渠道取水工程灭螺方法及沉螺池”专利技术的基础上，通过在湖北省公安县马家嘴沉螺池进行灭螺技术示范指导和灭螺效果现场检测，进一步推动专利技术的推广和示范。现场检测过程中，首次引入了自动化检测技术，对开闸引水全过程的水位、流速、流量和开闸高度等水文信息进行了监测，现场检测结果表明采用专利技术修建的沉螺池能有效地将钉螺从水体中的各种夹杂物、携带物上分离和截留，同时保证了正常的灌溉作业；沉螺池防止钉螺扩散的效果明显，阻螺率达100%。

该项目完善和解决了专利技术推广应用中存在的问题；编写了《涵闸及渠道取水工程沉螺池灭螺方法的技术操作规程》；结合现场检测需要，在示范过程中采用了涵闸位置测量的新工艺；取得了《大量程位移智能传感器及水位及阀门位置测量装置》实用新型专利。

该项目的转化应用效果明显，为今后进一步推进沉螺池工程的建设和推广“涵闸及渠道取水工程灭螺方法及沉螺池”专利技术打下了基础，项目广泛适用于长江中下游及其支流灌溉广大疫区，沉螺池专利技术的推广有利于改善疫区群众生产生活和投资环境，保障农村用水安全，减少疫区人畜感染，提高疫区人民身心健康，具有良好的社会效益、生态效益和经济效益。

主要完成单位：长江水利委员会长江科学院

主要完成人员：任大春、许卫、代贞龙、周武、雷刚、肖代文、唐丽芳、易华、陈丽、毛岚、何苗、莫晓聪、刘志俊、易俗、张乾

单 位 地 址：湖北省武汉市黄浦大街23号　　邮政编码：430010

联 系 人：任大春　　联系电话：027-82926113

传 真：027-82621788　　电子信箱：rendc@mail.crsri.cn